環境負債

次世代にこれ以上ツケを回さないために

井田徹治 Ida Tetsuji

JN284216

★——ちくまプリマー新書

178

はじめに――環境問題の過去・現在・未来

二〇一一年三月十一日、巨大な地震とそれに続く大津波が東京電力福島第一原子力発電所を襲い、日本の原発事故史上、最悪の事故が発生、各地に重大な放射能汚染をもたらした。日本の水や土地、海を汚染したセシウム１３７の放射能の半減期は約三十年と長く、汚染は長い間にわたって続くことが心配されている。放射能の影響を受けやすいのは乳幼児や母親の体内の胎児だとされており、放射能汚染が次世代の人々に与える影響への懸念が高まっている。

石炭や天然ガス、石油などの化石燃料を使わずに大量の電気をつくることができ、価格が安い発電方式として注目され、日本には五十四基もの原発が建設された。インターネットや大型テレビ、エアコンなどに囲まれた日本人の「便利な暮らし」を支えたのが、原発の電力だった。その恩恵を最も多く享受した大人の世代、つまり今の世界を作り上げてきた世代は、事故によって引き起こされた放射能汚染という巨大なツケを次世代の子供たちに負わせることになる。事故処理はもちろん、放射能で汚された土地の除染や復興、破壊された原子炉の廃炉などには巨額な費用がかかり、原発の電気が一気になくなったために多額の金を支払って、海外から石炭や天然ガスを買ってこなければならなくなった。

風評被害によって日本の農水産物の輸出が難しくなるなど一次産業への打撃も大きく、今後、海外からさらに多くの食料を輸入しなければならないようだ。事故前から深刻だった日本の財政は事故の結果さらに悪化することが予想され、原発事故やその原因をつくったエネルギー政策の誤りは、次世代の若い人たちに大きな負担を押しつける結果になってしまった。

だが、事故の前からも、今の日本社会の中心となっている大人の世代は、さまざまなツケを次世代に回そうとしていた。それは、二十世紀の後半から深刻化してきた「地球環境問題」と呼ばれる環境破壊に起因するものだ。

水俣病《みなまた》のように次世代にまで大きな被害をもたらした公害問題は過去にも発生していた。だが、かつての問題の発生場所は比較的限定されていたのに対し、いつしか、問題はその影響範囲を地球規模に広げるまでになった。経済の規模が拡大し、人間活動の影響力も数十年前に比べて飛躍的に大きくなったからにほかならない。

日本などの先進国が排出した二酸化炭素によって引き起こされた地球温暖化が、はるか遠いアフリカの人々に大きな影響を与え、工業国で使われた有害化学物質が、長距離を運ばれて、はるかかなたの北極の生物やそれを食べる先住民の体内に高濃度で蓄積される。最近ではそんな事例までが報告されるようになってきた。地球環境問題は「先進国と発展途上国という国家間、地域間の公平」という問題を提起する。

それと同時に、地球環境問題を考える時には「世代間の公平」という視点も重要だ。今の世代が便利で快適な生活を享受した結果、大量に排出された二酸化炭素が引き起こす地球温暖化によって大きな被害を受けるのは、五十年後にこの地球上に暮らす次世代の人々だ。成層圏のオゾン層破壊、環境中に徐々に蓄積する放射能や有害化学物質による汚染も同様である。

われわれが今日、建設する原子力発電所や火力発電所の寿命は五十年近くになる。現世代の決定は次世代の人々の未来に大きな影響を与える。逆に、今の子供やまだこの世に生を受けていない次世代の人々は、自分たちの未来を左右する意思決定に参加できないのだから、どうみても不利な立場に置かれていると言える。

福島原発の事故は、短期的な利益にのみ注目し、百年に一度、千年に一度といわれる長期的なリスクを無視することの愚かさと、長期的な視野を持って「持続可能な社会」を築くことの重要性をあらためて示した。

インターネットによって瞬時に世界各国からの情報が得られ、自動車や飛行機に乗れば地球の隅々まで旅することが可能になった時代に、地球上の七人に一人が飢餓に苦しみ、ほぼ同じ数の人が日常的に安全な飲み水を得られずにいる。二・五人に一人は近代的なエネルギーを利用することができず、衛生的なトイレが使えずにいる。今の世界には最初の誕生日を迎えることができずに死んでいく子供が五百万人もいるという。ほとんどがわずかな努力で救うことができる命である。先進国と最貧国と呼ばれる貧しい発展途上国との格差は大きくなる一方なのである。

ノルウェーの首相を務めたブルントラント氏を委員長に迎えたことから「ブルントラント委員会」とも呼ばれる国連の「環境と開発に関する世界委員会」がまとめた報告書「Our Common Future（地球の未来を守るために）」の中で「将来の世代のニーズを満たす能力を損なうことなく、今日の世代のニーズを満たすような開発」という「持続可能な開発」の考え方が示されたのは一九八七年のことだった。

地域間の公平性への配慮とともに、次世代のことも考えた持続的な経済成長の重要性は四半世紀前から指摘されてきたのだが、その後、日本人を含めて世界の人々がこれを実現するために十分な努力をはらってきたとは残念ながら言い難い。

その結果、この二十五年間、地球環境は悪化の一途をたどってきた。大人の世代は次の世代に美しい自然と環境を引き継ぐことができず、大きく傷ついた環境と汚染の対策という巨大な「ツケ」を子供や孫に回そうとしている。

筆者が、共同通信社の記者として環境問題の取材に本格的に取り組むようになったのがちょうど、一九八七年のことだった。学生時代から環境問題に興味があったのだが、この年、茨城県の筑波研究学園都市にあるつくば通信部なる職場に赴任したのがきっかけだった。つくばには国立公害研究所（現在の国立環境研究所）という研究機関があり、ちょうど大きな問題になりだした地球温暖化やオゾン層破壊、有害化学物質や廃棄物、光化学スモッグや酸性雨などの研究に取り組む多くの研究者がいたからだ。

以来、環境やエネルギー問題、それと切っても切れない関係にある発展途上国の開発問題をライフワークとするようになり、日本国内や世界各地を飛び回って破壊と保全の現場をこの目で見る機会に恵まれた。一九九七年の京都会議をはじめ、国際会議の取材機会も多く、時に停滞し、時にダイナミックに動く環境外交の現場に立ち会うこともできた。

二十五年の間、環境問題の解決に真剣に取り組む多くの人と出会い、さまざまな取り組みも目にしてきた。だが、破壊のペースはあまりに速く、その規模はあまりに大きく、残念ながら彼らの貴重な努力は、この大きな流れを食い止め、逆行させるには不十分だった。その一つの帰結が、東京電力福島第一原発の事故だったと思う。

今の大人の世代は、巨額の財政赤字とともに、放射能で汚れ、さまざまな行為によって傷ついた自然を、わずかの間に大きく組成が変わってしまった大気に包んで次世代の若い人々に渡そうとしている。われわれが次世代の人々に残す環境破壊という「負債」は、国の財政赤字という実際の借金同様、巨額なものに上り、今から行動を改めたところでもはや、われわれの世代だけでは処理できそうにない。

温暖化や生物多様性の損失、森林破壊や漁業資源の枯渇といった環境問題をさまざまな観点から検討し、「世代間の公平性」という問題を考えてみようというのが本書の試みである。

ブルントラント委員会の提言から二十五年、いつの間にか大きく育った子供たちに「もう若くはないんだから」と言われる年齢になった。今、なぜ、こんな事態を招いてしまったのかを考え、積もり積もった負債の返済に努力することが、私を含めた親の世代に課された責任である。残された時間の中で、少しでも良好な環境を取り戻すために何ができるのかを、これからの地球社会を担う若い人々と一緒に考えてみたい。そんな思いから生まれたのが本書である。しばし、お付き合いいただければ幸いである。

目次 * Contents

本文模式図作成　飯箸　薫

第1章　積み重なる環境負債

食事をするにも、自動車に乗ってドライブをするにも、鉛筆とノートを使って勉強をするのにも、何をするにしても、われわれは、自分を取り巻く「環境」に一定の影響を与えている。影響が十分に小さければ、それは四十億年以上の歴史の中で出来上がった地球の自然が、きちんと処理してくれる。放出される二酸化炭素は森の木々が栄養分として吸収し、処理、循環させてくれる。水を多少汚してしまったところで、湿地や河川にはうまくしたもので、汚染物質を餌にして成長する微生物がいて、それを処理してくれる。森の木々が吸収する二酸化炭素も、微生物が食べる汚染物質もかれらにとってはなくてはならないもので、それは地球の食物連鎖と物質の循環の中で、やがて再び、食物などの形で人間が利用できるようになる。人間が環境に負荷を与えても、自然の許容力を越えない限り、大規模な環境破壊は起こらないはずだ。

今、これだけ世界中で環境問題が深刻化しているのは、地球環境に与える負荷が、地球の自然が持つ許容力を越えてしまったためだと考えられる。それでは、その現状はいったい、どのようなレベルにあるのだろうか。

スイスに本部を置く国際的な自然保護団体の世界自然保護基金（WWF）の専門家は、他の組織の研究者と協力して、数年間に一度、地球規模での人間の環境負荷と自然の許容力に関する調査研究を行い、それを「生きている地球レポート」という形で発表している。個別の地球環境問題を見てゆく前に、総合的な見地から、地球環境問題の姿を検討しているこの報告書の内容を見てみよう。

◆エコロジカル・フットプリント

WWFなどの研究グループは、人間が地球の環境に与える影響、負荷の大きさを「エコロジカル・フットプリント（EF）」という指標を使って数値化している。「エコロジカル」は生態学的、といった意味、「フットプリント」とは足跡のことを言う。つまり、これは人間が地球の生態系に残す足跡の大きさ、深さ、という意味だ。足跡が大きく、深ければダメージは大きく、小さく、浅ければダメージは小さいので、砂浜の上の足跡が波に洗われるように、短い時間で消えていく。

EFは、人間が出す廃棄物の重さ、二酸化炭素の量、伐採する森林の量、河川からくみ上げ、使用後に排出する水の量、埋め立てなどによって破壊する湿地の面積などを一定の指標を使って数値化、合計して算出する。

各国ごとのＥＦを算出することも可能で、先進国のＥＦは大きく、発展途上国は小さい、インドや中国、ブラジルなどの新興国は両者の間にある、というような事態が想像できるだろう。単位はグローバルヘクタールというもので表される。

◆地球一・三個分の環境負荷

地球の生態系の力、許容力の指標は「バイオキャパシティ（ＢＣ）」と名付けられた。「生物的な許容力」といった意味である。これは、森林、湿地、海洋、草地などさまざまな生態系の面積や、その中にいる代表的な生物の数、森林が吸収する二酸化炭素の量や汚染物質処理量などから算出される。これも各国ごとに算出することが可能である。

図1-1は、一九六〇年から二〇〇五年までのＥＦの変化を示している。1のラインが地球のＢＣを示す。地球全体のＥＦは増加傾向にあるものの一九八五年ごろまではまだ、地球の許容量の範囲内にあった。環境問題が限られた地域の問題に限定されていた時代である。ところが、八五年ごろにＥＦは地球のＢＣを越える。それ以降もＥＦの増加傾向は変わらず、

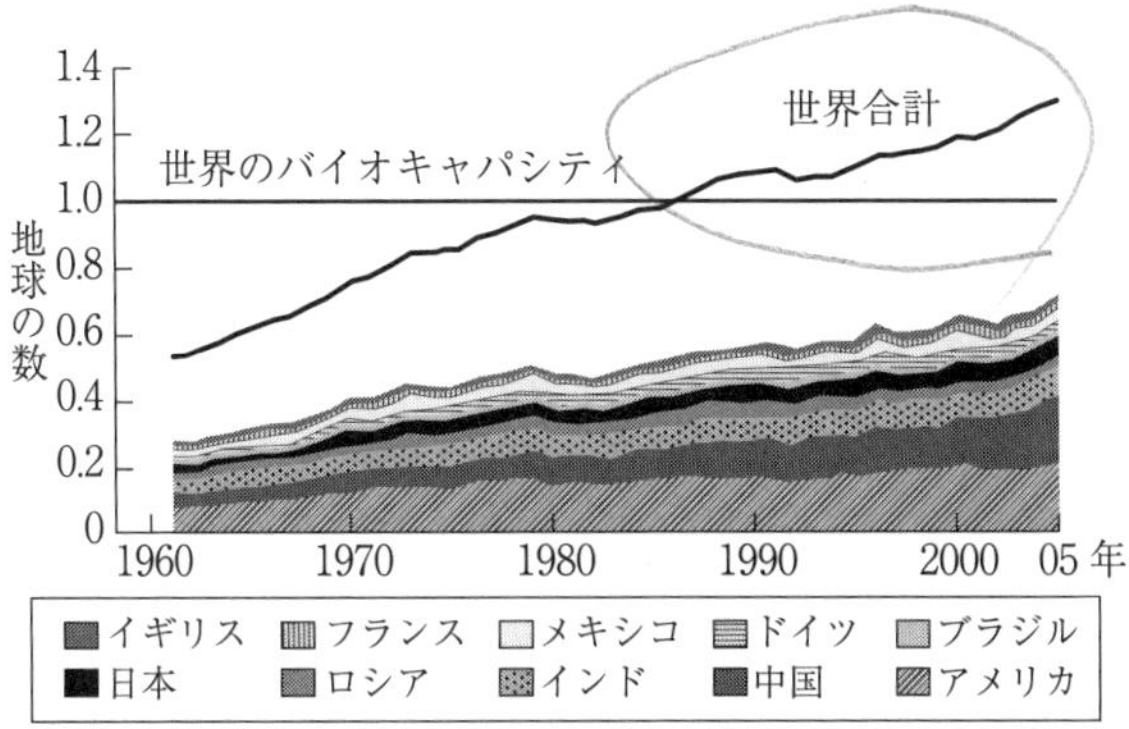

図1-1　エコロジカル・フットプリントの推移（1961〜2005年）
（『生きている地球レポート』世界自然保護基金〈WWF〉、2008年より）

ＢＣとＥＦのギャップは大きくなる一方であることも分かる。

つまり、人類は八五年以降、地球の生態系が処理できる以上の負荷を地球にかけ始めた、許容力を越える影響を地球の環境に与え始めたということである。このころから環境問題というものは地球規模の広がりを見せ始める。八五年といえば、次章で紹介する南極のオゾンホールが確認された年である。

現在のＥＦは約一・三である。これは、今、人類が地球に与える負荷を吸収、処理するには現在の地球だけでは足りず、地球が一・三個分必要であるということである。ＥＦが現在のペースで大きくなっていったら、二〇五〇年にはそれは二となる。つまり、そのころの人類は地球二個分の暮らしをすることになるという訳だ。

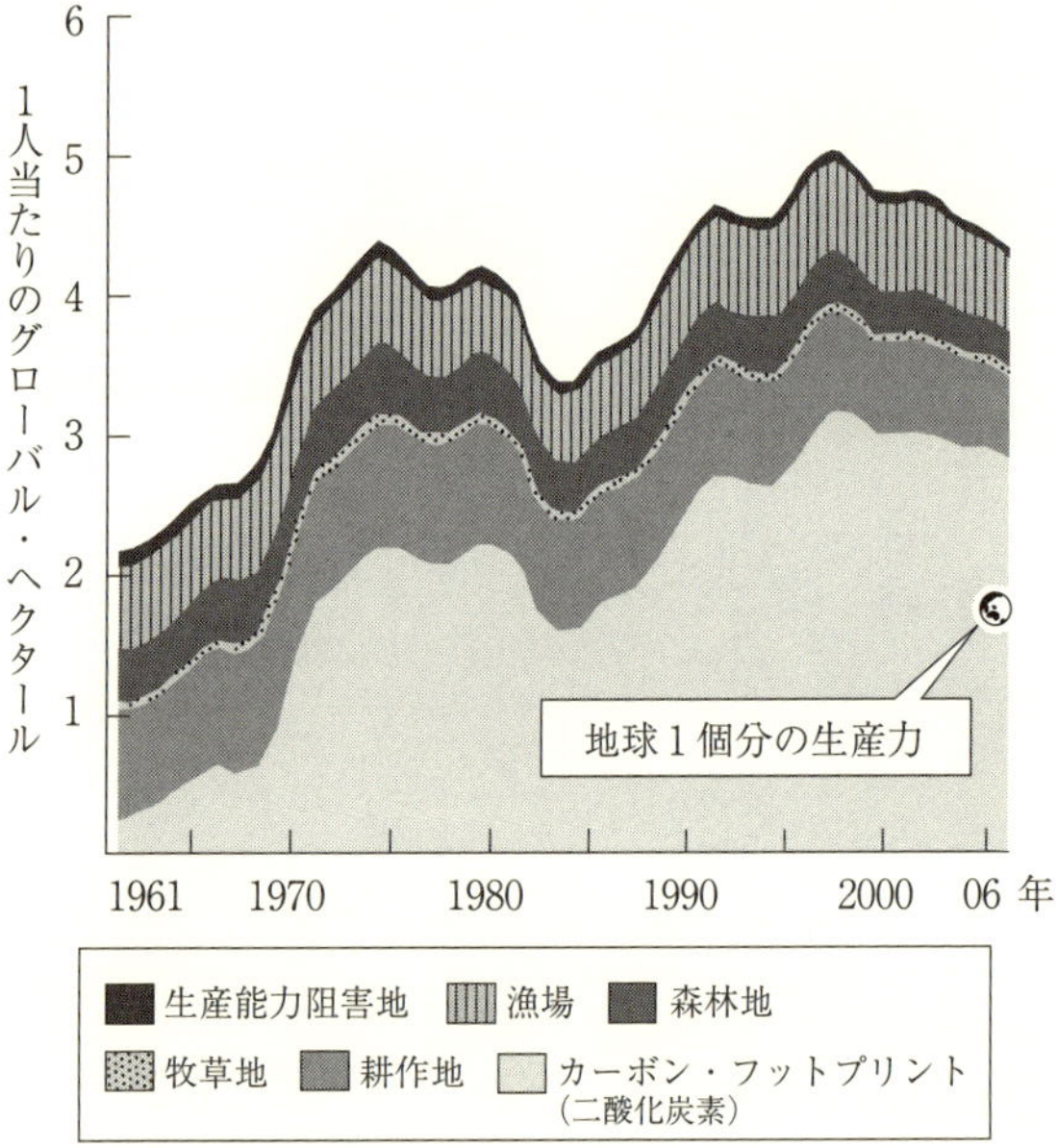

図1-2　日本の消費に関するエコロジカル・フットプリントの推移（1961〜2006年）（『エコロジカル・フットプリント・レポート　日本』WWF、2009年より）

◆日本人並みなら二・三個分必要

それでは日本人のEFはどれくらいなのだろう。日本のEFの変化を示す図1-2を見ると日本人一人当たりのEFは近年、減少傾向にあり、二〇〇六年には四・一グローバルヘクタールとなっている。魚の漁獲量が減り、二酸化炭素の排出量がやや減少する傾向にあるからだ。

だが、WWFによると、

ＢＣに等しいＥＦを〇六年の世界人口で割った一人当たりの許容ＥＦは一・八グローバルヘクタールである。四・一という数字はその二・三倍となり、まだまだかなり大きいということになる。日本人一人当たりのＥＦは平均の二・三倍、つまり世界のすべての人が日本人並みの消費生活をしようとすれば地球が二・三個分必要になる。

ちなみに世界の中でＥＦが最も大きいのはアメリカとアラブ首長国連邦で、世界のすべての人が彼ら並みの消費生活をしようと思ったら、地球が四・三個分必要になる計算だ。世界最大の二酸化炭素の排出国となり、環境負荷の大きさが批判される中国だが、一人当たりのＥＦはまだ平均以下で日本の二・五分の一より小さい。

◆借金生活

図1-1から分かるように人類のＥＦは既に地球生態系の再生能力を三〇％も超えている。つまり人類は地球の生態系が再生産する能力を越えて、過剰に地球を利用していることになる。生態系は傷つき、廃棄物は大気中や陸上、海の中などに貯まる一方だ。森林破壊や水不足、減少する生物多様性、気候変動などの問題が深刻化しているのもある意味当然だろう。ＥＦは過去四十五年間で二倍以上に増加した。人口が増加したことに加え、一人当たりの資

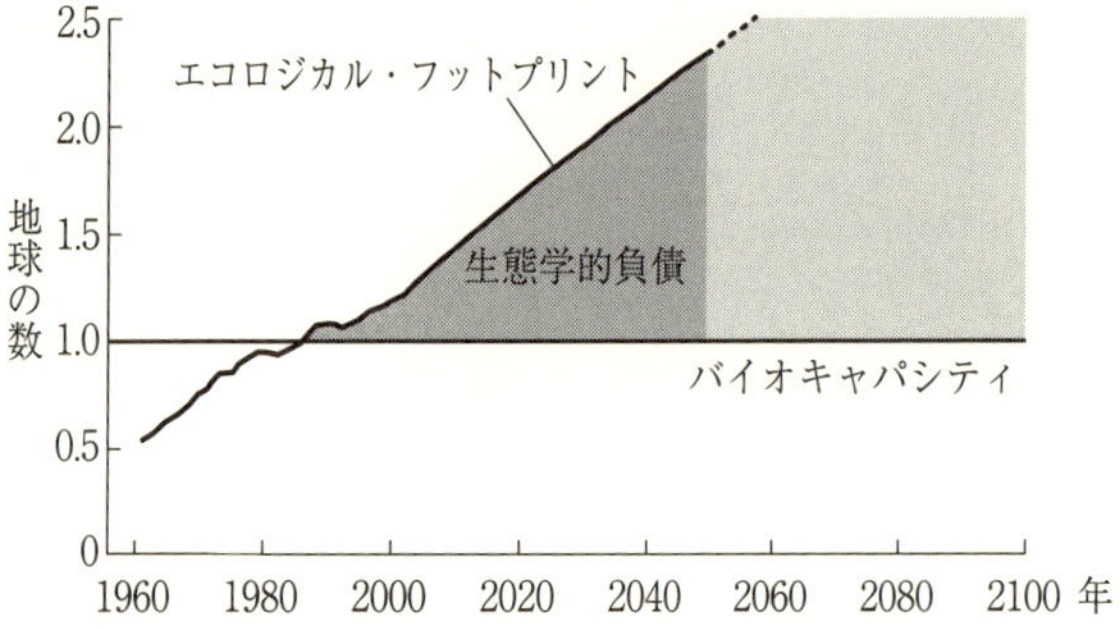

図 1-3　従来の流れを継続するシナリオと生態学的負債（『生きている地球レポート』WWF、2008 年より）

源消費量も増えているからだ。WWFは「一九六一年には、世界中のほとんどすべての国で必要なものを自給できていたし、多くの国が需要を上回る供給能力を持っていた。しかし、二〇〇五年までの間に、この状況は大きく変わってしまった。多くの国が、他の国から資源を輸入し、地球を取り巻く大気を二酸化炭素や他の温室効果ガスの捨て場にすることによってのみ、自らの需要を満たせるような状況になってしまった」と分析する。

一般の家庭にたとえれば、これは収入を越えるレベルのお金を使ってぜいたくな暮らしをしているようなものだ。あるいは利子で生活する人が、それだけでは足りなくなって、元本にまで手をつけ、それを食いつぶして生活している姿にたとえられるかもしれない。BC、つまりEF1のラインと実際のEFの差を借金にたとえて「エコロジカル・デット（環境負債、生態学的負債）」と呼ぶ（図1-3）。

家庭や会社でこのようなペースで負債が貯まっていったら、やがて待ち受けるものは「破産」である。環境負債がどんどん貯まっていった場合も、やがては地球環境、生態系の破局、環境破産がやってくることになる。

◆取り返しのつかない臨界点

この破産の時期がいつやってくるかは、誰も分からない。地球環境の悪化が一定レベルよりひどくなると、一挙に破局的なことが起こり、取り返しがつかないことになる点があると言われている。専門家はこれを「ティッピングポイント（臨界点）」と呼ぶ。

毎年大量に捕れていた魚が、ある年を境に突然捕れなくなることがあるし、湖に多数の外来種が繁殖し、在来種が一定レベルに減ってしまうと、後で外来種を取り除いても固有の生態系が復活することはないといった具合に、生態系にはさまざまなティッピングポイントがあることが知られている。

だが、今、懸念されるのは一部の生態系ではなく、地球の生態系全体が破局を迎える「臨界点」が近づいているのではないかということである。

著名な米国の環境思想家で環境問題専門のシンクタンクの草分け「ワールドウォッチ研究所」の設立者としても知られるレスター・ブラウン博士は、資源の大量使用と大量消費に基礎を置き、地下水を大量にくみ上げて食料の増産を進めてきた現在の経済を「ねずみ講経済」「食料バブル経済」と批判する。言葉遣いは違っても、このまま続けていけば、やがては破綻してしまうという点では、考え方は同じだ。博士は「今の世界文明は、ボートに乗って、川の先にある滝に向かって進んでいるようなものだ。ある点を越えると、もうどうやっても引き返すことができず、滝つぼに転落することになる。引き返しができない点がどこにあるのかを知ることは難しく、もしかしたらもう、この点を過ぎてしまったのかもしれないのだが、それでもわれわれは今、ボートの向きを変え、全力で逆方向にこぎ出す努力をしなければいけない」と警告する。

◆消費生活の見直し

今、必要なことは資源の大量使用を基礎に置いた現在の経済の姿を根本から見直し、ＥＦを減らしながら、経済成長や雇用の確保、生活レベルの向上を進めてゆくことだ。

フットプリントの大きさは、人口の規模、一人当たりの製品とサービスの消費量、そして

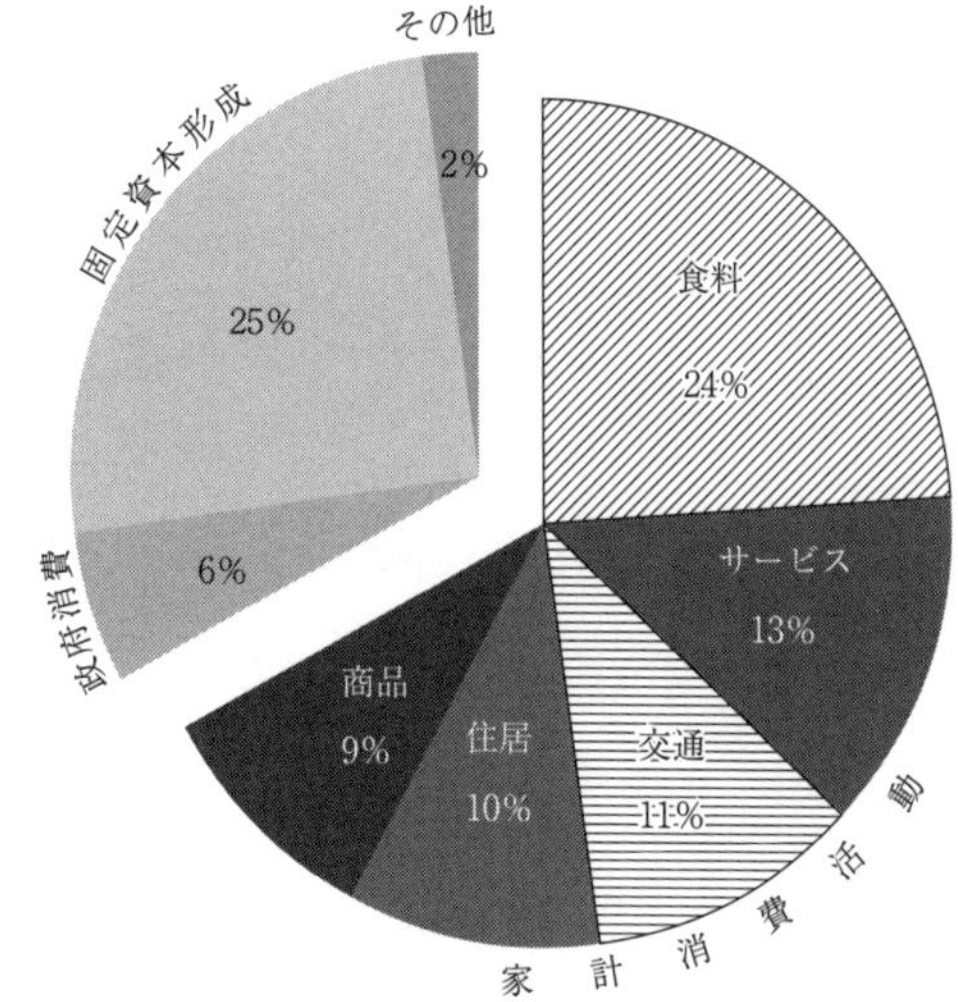

図1-4　日本の総消費エコロジカル・フットプリント最終需要の内訳（2006年）。固定資本形成とは、政府（社会インフラ整備）、企業（新工場）、家計（新住宅）などの投資活動（『エコロジカル・フットプリント・レポート　日本』WWF、2009年より）

製品とサービスを一単位つくるのに必要な資源の量と廃棄物の量によって決まる。つまり、人口増加に歯止めをかけ、不要な消費をやめ、製品やサービスの生産のために消費される資源量や、その過程で排出される廃棄物を減らせば、ＥＦは減らすことができる。

図1-4は、ＷＷＦがまとめた日本の消費生活の中でのＥＦの内訳を示している。家計の消費の中で特に大きな割合を占めていたのは「食料」でこれが全体の二四％にのぼることが分か

プラスチックなどの不燃ごみ埋め立て地。メタンガス抜きのパイプが林立する＝東京都の中央防波堤埋立処分場

った。やはり日本の食生活はかなりぜいたくであるようだ。また、ここには、日本国内で食べられることなく廃棄されていく大量の食料が含まれている。その量たるや年間で千三百八十万トンに達し、これは全世界で食料援助にまわされている量の一・七倍にもなるという。大量生産、大量消費のライフスタイルが定着する中で、賞味期限切れだなどとして大量の食品が廃棄されているのは、日本だけでなく多くの先進国で問題になっている現象だ。廃棄される食品の量を減らすことは、日本のエコロジカル・フットプリントを下げる、一つの確実な手段となることを示している。

◆「自然資本」という考え方

もう一つ、破産を避ける重要な取り組みは、B

Cのレベルを上げることである。二十世紀の経済の大きな失敗の一つは、森林や湿地、マングローブなどの生態系を、富を生み出す「資本」と考えてこなかったことである。

木材を供給することだけが森林の働きではなく、二酸化炭素を吸収して、酸素をつくったり、水資源を養ったり、汚染物質を浄化したりという機能がある。沿岸のマングローブには、魚にすみかを与えて漁業資源を養ったり、高潮や暴風雨から沿岸の土地を守ったりという重要な働きがある。何の役にも立っていないと考えられていた沿岸の干潟にも、生物を養ったり、人間が出した廃棄物を微生物などの力によって浄化したりという大切な働きがある。

だが、今の経済にはそのような自然の恵み、自然の働きの価値を評価する仕組みがない。森を壊してダムを造り、干潟を破壊して下水処理場を造り、マングローブの林を切って堤防を造ったりするよりも、自然を残して、その力を借りた方がはるかに安上がりで、なおかつEFも小さくできたのだが、現状では、自然を破壊して何かを造ることが「経済成長」だと評価されるというおかしな仕組みになっている。コンクリートで固められた「社会資本」や銀行の帳簿に載った「資本」を増やすことよりも、森林や湿地などがもたらす「自然の恵み」の経済的な価値をきちんと評価し「自然資本」を増やすことの方が、長い目で見れば社会全体の利得が大きいということが最近になって分かってきた。

ＥＦを減らす努力とともに、これらの「自然資本」にもっと投資をし、熱帯林やマングローブ、湿地を守り、復元する努力をして、ＢＣを増やせば、ＥＦとのギャップは小さくなり、環境負債も小さくすることができる。

◆グリーンな経済へ

国連環境計画（ＵＮＥＰ）は二〇一一年に発表した「グリーンな経済」に関する報告書の中で、農林漁業や再生可能エネルギーなどの分野に世界全体の年間の国内総生産（ＧＤＰ）の二％に当たる約一・三兆ドルを投資すれば、世界の経済の構造を変えることができ「二〇五〇年にはＥＦとＢＣを同じレベルにすることが可能になる」と指摘した。お金の使い方を大きく変え、経済成長に対する考え方を見直せば、借金生活から抜け出し、破産を免れる可能性はあるようだ。

次章以降では、さまざまな地球環境問題の歴史や現状などを紹介しながら、どのようにして環境負債が積み重なっていっているのか、それを解消するにはどうしたらいいのかを考えてゆくことにしよう。

コラム1 環境指標

ここで紹介したエコロジカル・フットプリントのように、消費生活全体、あるいは特定の商品などを生産する時に環境に与える影響を指標化して数値で示そうとの研究が近年、盛んになってきている。

食品が生産地から店頭に運ばれてくるまでの輸送距離を計算し、その結果、排出される二酸化炭素の量を示し、それを減らす努力をするきっかけにしようというのが「フードマイレージ」の考え方だ。同じサケの切り身一切れにしても、ノルウェーや地球の裏側のチリから運ばれて来るものと、地産地消の国産のものでは、フードマイレージは大きく異なる。海外から大量の食料を輸入している日本は諸外国に比べてフードマイレージは非常に大きく、地産地消を心掛けて、それを減らすことが課題になっている。

同様に原料生産から包装、輸送、販売までのライフサイクルを通じて排出される二酸化炭素の量を示した数値を「カーボンフットプリント」、製造に必要な水資源の量を示すものを「ウォーターフットプリント」と呼ぶ。日本の東京都市大学の研究によれば、ハンバーガー一個のカーボンフットプリントは七百グラム前後。きんぴらごぼうを具に使ったライスバーガーは約四百グラム。東京大学の研究によれば、携帯電話一台のウォーターフットプリントは約九百十二リットル、大瓶のビール一本をつくるのに必要な水の量は約十リットル、乗用車一台の生産には約六十五立方メートルだという。日本企業の中にも製品のラベルにカーボンフットプリントを記載し、自社の環境配慮をアピールする企業も出ている。

ある商品の製造に要する環境への負荷を重量に換算し、それを背負っていると考える「エコリュックサック」といった指標もある。いずれも、一般の消費者には分かりにくい消費に伴う環境への負荷を数値化して分かりやすく示し、それを環境影響の小さい製品を選ぶきっかけにしてもらおうとの試みだ。

第2章　破れた地球の宇宙服——成層圏のオゾン層

現代の「便利な暮らし」の中でなくてはならないものの一つに冷蔵庫がある。一九五〇年代、高度成長期の日本で「三種の神器」と呼ばれ、現代の便利な生活の象徴となった家電製品はテレビと洗濯機、そして冷蔵庫だった。この章で取り上げる物質、フロンガスの歴史は、冷蔵庫の歴史と一緒に始まったといっても過言ではない。

◆夢の化学物質

物を温めるには火を使えばいいのだが、物を冷やすことはなかなか難しい。冷蔵庫やエアコンのようにエネルギーを使って物を冷やすためには、温度の高い場所から熱を奪って、別の所に運ぶ物質が必要になる。冷たいものを運ぶ媒体、という意味で「冷媒」と呼ばれる。ある物質が気体になる時にはエネルギー、つまり熱が必要となる。体温程度の熱でも気体になるアルコールを肌につけると、ひんやりと感じられるのは、アルコールが気化する時に、熱を奪ってゆくからだ。物質が気化する時にこの「気化熱」が必要になることを利用して物を冷やすのが冷蔵庫やエアコンの原理で、その時に欠かせないものが「冷媒」である。冷媒となる気体をコンプレッサーで圧縮して高圧の液体をつくり、別の所で再び気化させ、気化熱で熱を奪い取ることで物を冷やす、というのが冷蔵庫やエアコンに使われる冷凍機の原理である。

沸点が低くて気体になりやすく、圧縮して液体にしたり、それをまた気体にしたりというプロセスの中でも壊れにくいことなどが、いい冷媒の条件となる。冷媒として早くから使われてきたのは窒素に三つの水素が結合したアンモニアだった。だが、アンモニアは人体に有毒なので万一、漏れだしたら大事故につながる。「毒性が低く、安定的で高性能の冷媒が作れないだろうか」――そんな研究の中から一九二〇年代に生まれたものが、フロンガスだった。初代のフロンはクロロフルオロカーボン（CFC）と呼ばれる物質だった。塩素とフッ素が炭素と結び付いた物質で、塩素原子などの数が異なる何種類もの物質がある。

開発に成功したのは、当時、米国で冷蔵庫を生産販売していたゼネラルモーターズ（GM）と、世界最大の化学品メーカー・デュポンという、米国を代表する二大企業の共同研究グループだった。沸点が低いので気化しやすく、化学的にも熱的にも安定的で、燃えず、極めて冷凍の効率が高い。しかも、アンモニアと違って吸入しても、接触しても、生物にはほとんど悪影響がない。「夢の化学物質」としてもてはやされ、生産は急増した。GMの子会社でCFCの開発に当たったトーマス・ミジリーという科学者は、CFCがいかに安全かを示すために、自らCFCを吸い込み、これを吐き出してローソクの火を吹き消して見せたとの逸話が残っている。

CFCの消費量は第二次大戦後に急増し、冷媒だけでなく、スプレーの噴射剤、ウレタンフォームに小さな穴を開ける時の「発泡剤」などへも用途が急拡大していった。いずれも気化しやすく、安定的で、他の物質反応がしにくいことが利点となった。CFCがなければ、これほどまでに広く家庭用の冷蔵庫が普及することはなかった。フロンはそのほかの面でも戦後の人々の生活レベルの向上に大きく貢献した。

◆オゾン層破壊の警告

フロンに対する評価が大きく変わるきっかけとなったのが、米カリフォルニア大学の大気化学者、故シャーウッド・ローランドとマリオ・モリーナの二氏が一九七四年、英国の著名な科学雑誌「ネイチャー」に、「地上付近では安定なフロンも成層圏に達すると分解されて塩素が放出され、それが成層圏にあるオゾンを破壊する」ことを実験と理論によって指摘する論文を発表したことだ。論文の中で二人は、「大量に大気中に放出されているフロンは分解されにくく、寿命が長いため最大で四十〜百五十年もの間大気中にとどまり、大気中の濃度は現在の十〜三十倍に達するであろう」と指摘。「成層圏では大量の塩素が放出し、その結果、そこにあるオゾン分子を破壊する」と警告した。二人の論文が注目されたのは、ちょうどこのころ成層圏を飛ぶ超音速飛行機がその周囲の大気環境に悪影響を与えるのではないかと懸念され、成層圏の環境への関心が高まっていたことも一因だった。

成層圏のオゾン層とは何なのだろうか。通常の酸素分子は酸素原子が二つ結合したものだが、オゾンは酸素の原子が三つつながった分子だ。きわめて不安定なので分解されて安定した酸素分子になりやすい。酸化力が強いために殺菌作用があることが知られ、最近では水道水の消毒などにも使われている。一方で、自動車の排気ガスから出る窒素酸化物が原因でつくられることもある。刺激性の強いオゾンの濃度が高まると、植物の細胞を傷つけたり、生物の粘膜を刺激したりする。これが光化学スモッグと呼ばれるもので、大気汚染物質のオゾンは、その原因物質である。日本をはじめ、多くの国が地上付近のオゾン濃度の基準を設け、それを減らすという大気汚染対策に取り組んでいる。

地上ではやっかいものオゾンなのだが、成層圏では重要な役割を果たしている。地上か

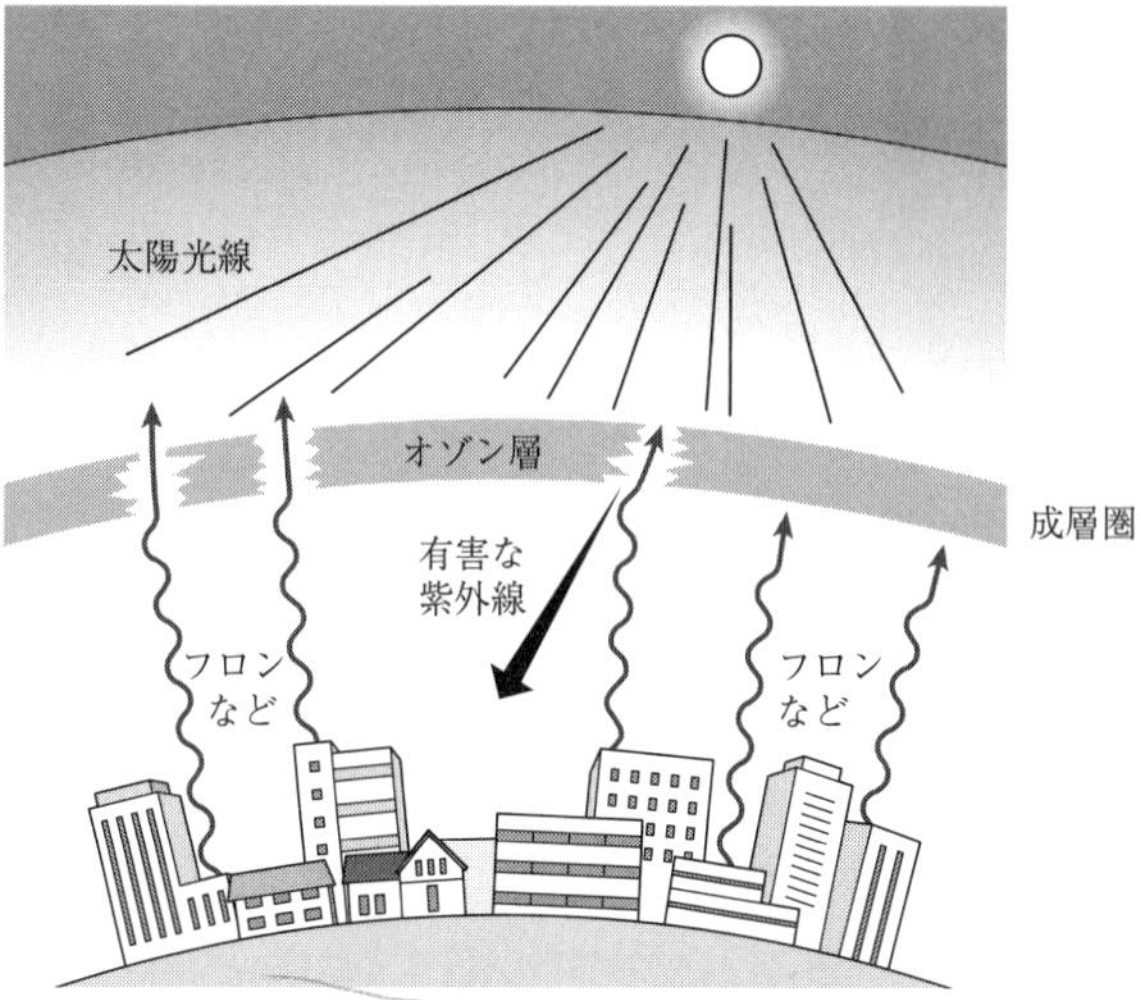

図 2-1　オゾン層が破壊されるしくみ（環境省の資料をもとに作成）

ら高度二十五キロほどの高さの成層圏には、特に大気中のオゾンの濃度が高い場所が形成されている。地球の長い歴史の中で形成されたこのオゾン層は、宇宙空間から地球に降り注ぐ、生物にとって有害な紫外線を吸収し、地上の生物を紫外線の害から守るという重要な役割を果たしている。成層圏のオゾン層のことを「地球が着ている宇宙服」と表現する人もいる。

　このオゾン層が薄くなることは、宇宙服に穴が開くようなもので、地上に降り注ぐ有害な紫外線の量が増えることが心配されるようになった。有害な紫外線の量の増加は、皮膚がんや白内障などの病

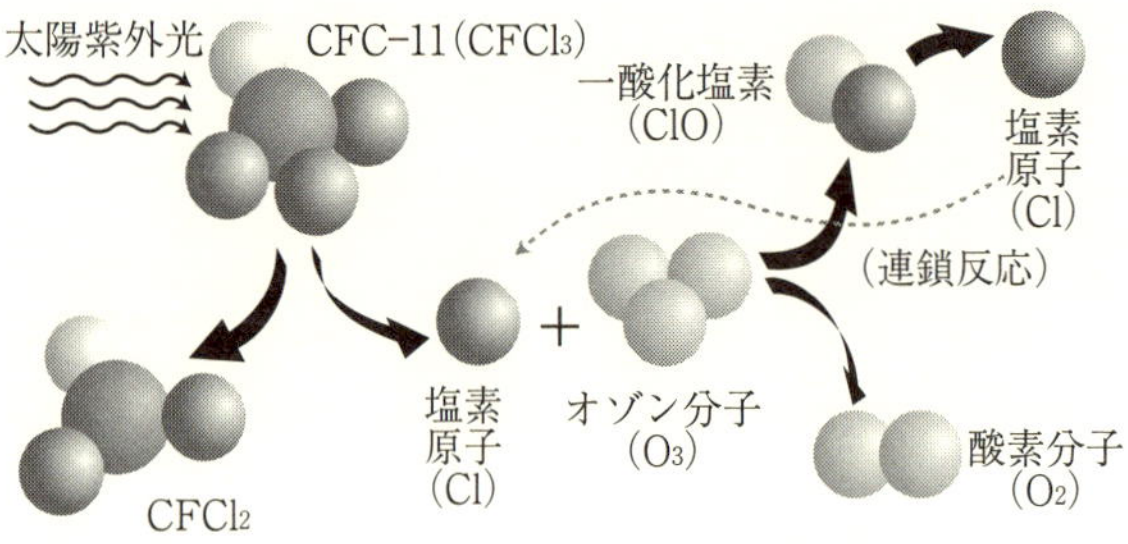

図2−2　塩素分子によるオゾン層破壊の反応（環境省の資料より）

気の原因となり、植物や人間以外の動物の生息にも悪影響を与える（図2−1）。地球規模で著しい両生類の減少とオゾン層破壊の関連を指摘する研究者もいる。

◆連鎖反応による破壊

ローランドらが指摘した、塩素分子によるオゾン層破壊の反応を示したものが図2−2である。反応は成層圏の強力な紫外線によってフロンが分解され塩素分子が発生するところから始まる。発生した塩素はオゾンと反応してオゾンを酸素分子と一つの酸素原子に分解、一酸化塩素という特殊な物質をつくる。この一酸化塩素も極めて不安定な物質なので、酸素原子が外れやすい。外れた酸素原子は、オゾンが壊れてできたもう一つの酸素原子と結合して、酸素原子が二つの酸素となって安定した状態になる。

図2−2で結果的に何が起こっているかを見てみると、結局

はオゾンだけが分解され、その反応を促進した塩素分子は最後にはまたそのままの形で環境中に残ることが分かる。難しい言葉を使えばここで起こっているのは塩素を触媒としたオゾン分子破壊という反応であって、塩素は反応を促進することはあってもなくなることはない。一度、成層圏に達した塩素は、別の物質と結合してなくなるまで、連鎖反応によって次々とオゾン分子を破壊していくことになる。ローランドらが成層圏のオゾン層破壊に危機感を持ったのもこのためである。実際、後になって一個の塩素原子だけで何万〜十万個のオゾン分子を破壊するということが分かってきた。

「夢の化学物質」として広く使用され、業界に大きな利益をもたらしていたフロンの問題点を指摘した彼らの論文は、科学界を中心に大きな議論を呼んだ。産業界に近い科学者は、フロンは極めて安定的な物質なので成層圏に達しても分解されにくく、オゾン層を連鎖的に破壊することはないと反論し、米国を中心に大きな科学論争が繰り広げられた。

◆ノーベル化学賞を受賞したのは……

一部でスプレーの噴射剤などへの使用量の削減が進み、国際的な取り組みによって成層圏のオゾン層を守ろうとの気運が高まる中、オゾンとフロンをめぐる議論に大きな影響を与えたのが一九八五年の「オゾンホール」の発見だった。

報告をしたのは、英国の南極研究機関の研究者、ジョセフ・ファーマンらで、南極上空での実地観測によって、夏になると上空のオゾンがほとんどなくなってすっぽりと穴が開いたようになる「オゾンホール」が形成されていることを確認した、というのがその内容だった。

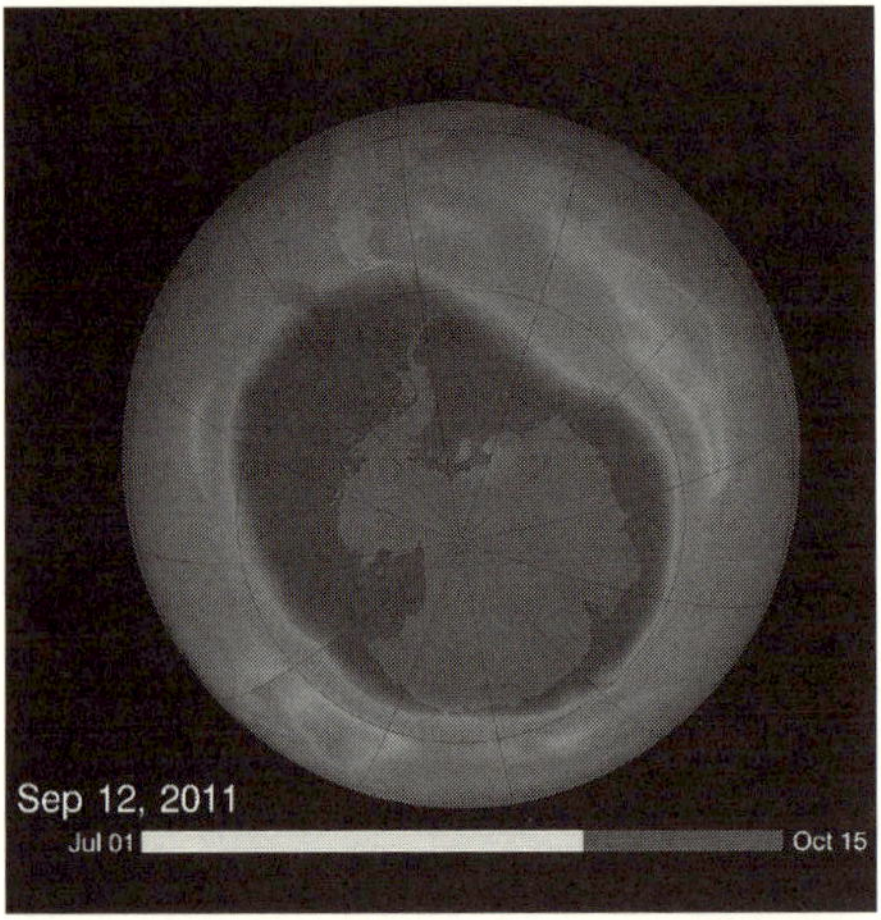

南極上空、2011年9月のオゾンホールの衛星観測画像。南極大陸より大きいホールが発達している（米航空宇宙局〈NASA〉提供）

それ以降、成層圏のオゾン層とフロンの研究が、人工衛星や特殊なレーザー光を使った装置などまで駆使して急速に進み、実際に塩素や一酸化塩素の濃度が高くなっていることや、南極上空では春先から夏にかけて特殊な大気の渦が形成され、その中の温度があるレベルより低くなると急速にオゾンの破壊が進むことなどが突き止められ、オゾン層をフロンが破壊していることの証拠が次々と集められていった。

地球の宇宙服を守ろう、との気運が高まる中、一九八七年に結ばれたのが「オゾン層保護のためのモントリオール議定書」である。議定書は八五年に結ばれた「オゾン層保護のためのウィーン条約」の下の国際協定で、オゾン層を守るためにフロンの生産と消費の削減を各国が進めていくことを義務とし「この物質は何年までに何パーセント削減する」といった具合にそのための具体的なスケジュールを定めている。最初のスケジュールはゆるやかなものだったのだが、科学研究の進展にともなってオゾン層保護の緊急度が高まる中で、議定書は何回も改正が行われ、一九九二年にはついにCFCの「全廃」に各国が合意したのであった。地球規模の環境の保護を目的に、各国が特定の化学物質の生産と消費を国際的に廃絶するという決定をしたのはこれまでにないことで、モントリオール議定書は「地球環境保護の取り組み

レーザー光を使って上空のオゾンの濃度を調べる国立環境研究所の観測装置＝茨城県つくば市

の最大の成功事例だ」といわれるほどである。

「夢の化学物質」ともてはやされたCFCの歴史はこうして短期間のうちに終わりを告げた。一九九五年、ノーベル化学賞を受賞したのは、CFCを開発した研究者ではなく、その問題点を世界に先駆けて指摘したローランドとモリーナだった。

◆対策は進んだけれど

CFCの代替品として開発され、CFCよりもオゾン層破壊作用が少ないHCFC（ハイドロクロロフルオロカーボン）という物質も全廃が決まり、各国で転換が進んでいる。

だが、ローランドらが指摘したように過去に大量に使われたCFCによって、大量の塩素が既に成層圏に運ばれて、今もオゾン層の破壊は続いている。一度大気中に出たCFCは回収のしようがないし、古くなって捨てられる冷蔵庫などから大気中に出る前に回収することも困難であるからだ。

規制の効果があって成層圏の塩素やフロンの濃度の増加は止まり、一部の物質については濃度が減り始めていることが確認されているが、連鎖反応で進むオゾン層の破壊を食い止めるまでには至っておらず、成層圏のオゾンホールに明確な縮小の傾向はみられない。南極の気象条件によって規模は異なるものの、オゾンホールは毎年発生し、時には南極大陸がすっぽり入ってしまうまでの広さに拡大する。その規模は現在がピークでその後徐々に縮小し、二〇五〇年ごろには、ホールの形成が始まった一九八〇年レベルに戻るだろうというのが現在の予測である。たとえオゾンホールが縮小に向かったとしても、皮膚がんの増加はその後四十〜五十年にわたって続くとの予測もある。

最新の科学の予測によれば、現在のモントリオール議定書の約束が完全に守られたとしても、極域のオゾン破壊は今後十数年にわたり現状程度の深刻な状態が続くと予想されている。中緯度や熱帯など、極域の影響を受けない地域のオゾン層破壊は、これ以上進むとは考えにくいが、それでも回復には半世紀以上かかることが予想されるという。

二〇一一年には、これまでオゾンホールができないだろうとされてきた北極上空にも南極のオゾンホールと似たオゾン濃度が極めて低い場所ができていることが確認され、世界の科学者を驚かせた。人間をはじめとする地球上の生物すべてを守る宇宙服は、実は非常にもろく、壊れやすいものだったのである。しかも今の人類がオゾン層保護のために何か手を打とうとしても、既にほとんどのことはやり尽くしてしまったのだ。

現在の若者や子供たちは、過去に例がないほど薄く、穴だらけの宇宙服を身に着け、過去に例がないほど低い濃度の成層圏オゾン層の下で一生のほぼすべてを過ごすことになる。

戦後の高度成長期を支え、多くの人に便利な暮らしを提供してくれたフロン。その恩恵を主に享受した現代の大人の世代は、当時は気付かなかった害によってもたらされた環境破壊のツケを、次世代の人々に回そうとしているのである。

◆代替品にもなお問題が

さらに問題を複雑にしているのが地球温暖化の問題だ。ＣＦＣやＨＣＦＣの代替品としてデュポン社が開発した代替フロンに、ハイドロフルオロカーボン（ＨＦＣ）という物質がある。フロンに性質が似た優秀な冷媒で、しかも塩素を含まないためにオゾン層への影響はない。「これこそ、次世代の冷媒だ」ともてはやされ、生産と消費が急増した。ＨＦＣなしには、ＣＦＣやＨＣＦＣの削減がこれほど速く進むことはなかった、という人もいる。パソコンのほこりを吹き飛ばすスプレーなども含めて今の日本でも大量に使用されている。

だが、ＨＦＣには大きな欠点があった。この物質は二酸化炭素の何千倍もの地球温暖化作用を持つ強力な温室効果ガスだったのだ。このためモントリオール議定書の規制対象とはならなかったが、地球温暖化防止のための京都議定書の中では規制対象物質の一つとされ、各国で排出削減の取り組みが進んでいる。

そして、世界の科学者は今、地球温暖化とオゾン層破壊の関連に注目している。一般にはあまり知られていないことなのだが、地球温暖化によって地表付近の温度が高くなると、成層圏の温度は逆に低くなる。

先に紹介したように成層圏での塩素によるオゾンの破壊反応は、温度が低い状態でより急速に進む。このことから、温暖化の進行が成層圏のオゾン層破壊のペースを加速し、モントリオール議定書で期待されているオゾン層保護の効果を小さくしてしまうのではないかと心配されるようになってきた。温暖化とオゾン層破壊の関連にはまだ分からないことが多く、今後の研究課題である。ＣＦＣやＨＣＦＣの削減などの対策が進んだからといって、われわれは成層圏のオゾン層の問題を忘れてしまってはいけない。

一見、環境には何の影響も与えないと思っていた物質が後になって何世代にもわたってさまざまな悪影響をもたらすケースがあり、それは「世代間の公平」という問題を人間に突きつけるのだということ、人類の工業生産の能力は極めて大きくなり、何万年もの間、安定していた地球の大気の組成までを短期間に変えるまでになったこと。これもフロン問題の教訓で、次章で紹介する地球温暖化問題にも当てはまる。

コラム2 そのひと吹きが……

パソコンのほこりを吹き飛ばす時などに使うスプレーに、地球温暖化作用が非常に高い物質が使われていることはあまり知られていない。「エアダスター」とか「ダストブロワー」と呼ばれるこの製品には、CFCやHCFCの代替品として開発されたHFCが使われる。中でもHFC134aという代替フロンの温室効果は何と二酸化炭素の千三百倍にもなる。五百グラム入り一本分を二酸化炭素に換算すると六百五十キロになる計算で、温暖化による海面上昇で、国が水没の危機にあるキリバスの一人当たりの排出量と比べると、一缶で二年分にもなるという。

最近では134aではなくHFC152aという物質を使い「温暖化係数が低く地球に優しい」などとPRする製品も登場した。だが、これも134aに比べれば低いものの、二酸化炭素の百四十倍という強力な温室効果ガスであることには変わらない。気軽にシューッとやる前に、よく考えて、温暖化を引き起こさないノンフロンタイプの製品を選びたい。

第3章　厚くなる地球の毛布――深刻化する温暖化

成層圏のオゾン層が破れた地球の宇宙服だとすれば、本章で取り上げる地球温暖化問題は、地球がまとった毛布が徐々に厚くなってゆくようなものである。人間活動によって大気中に二酸化炭素が蓄積されると地球の気温が上昇することを指摘したのは、スウェーデンの化学者でノーベル賞も受賞しているスバンテ・アレニウスという研究者で、一八九六年のことだった。最初は信用されなかった彼の説は正しかったのだが、人類が排出する二酸化炭素が氷河期の到来を防ぎ、人口増加に対応する食料増産に貢献すると、温暖化を前向きにとらえた彼の考えは、正しいものではないらしいことが分かってきた。

◆熱をトラップする「温室効果ガス」

図3-1は地球が温暖化する仕組みを模式的に示したものだ。太陽から地球に降り注いだエネルギーの一部は吸収され、一部は地表で反射されて再び宇宙空間にかえってゆく。反射されたエネルギーの一部は、地球を取り巻く大気によって吸収され、これが地球の周囲に熱

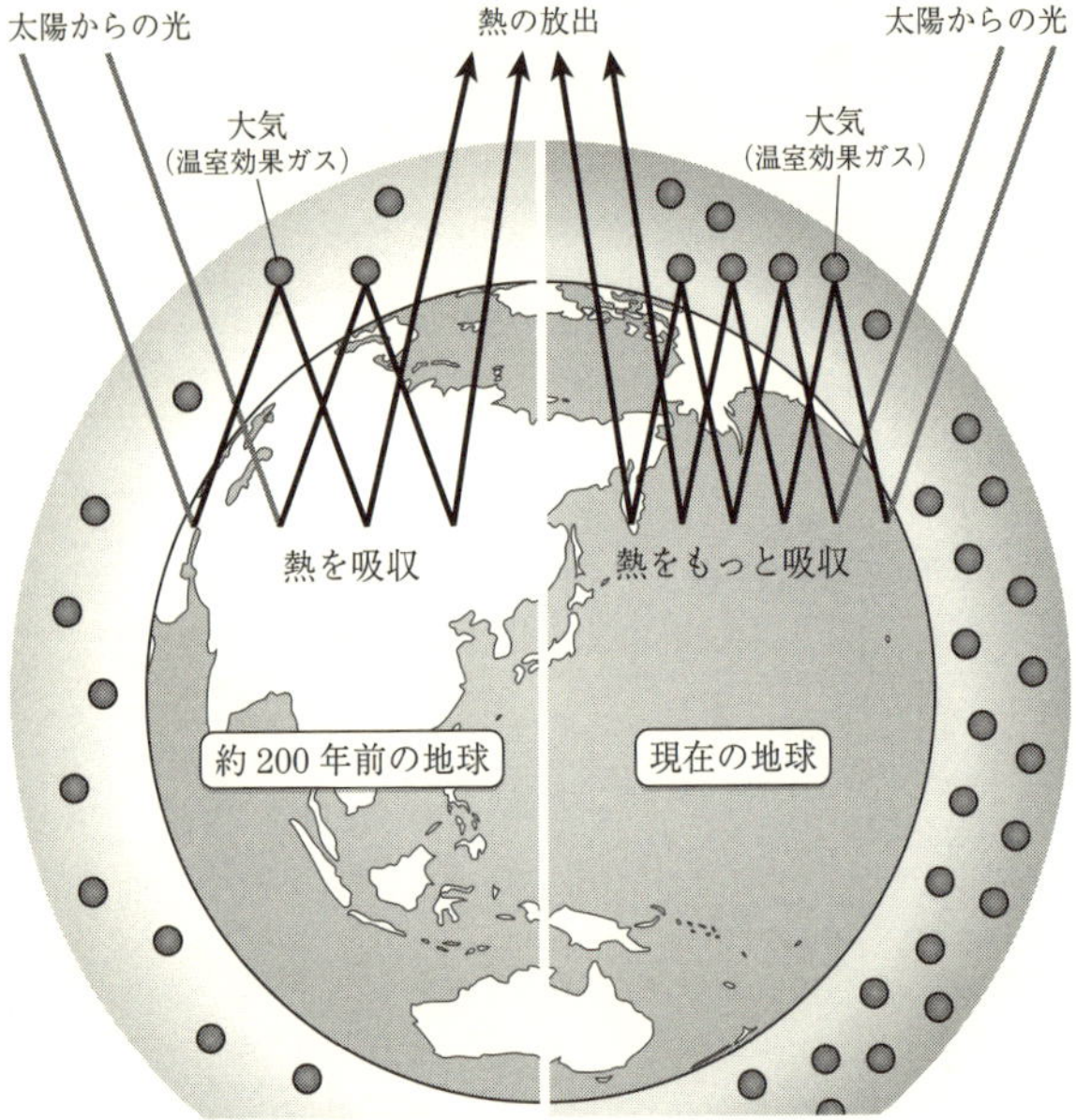

図 3-1　地球が温暖化するしくみ（環境省の資料をもとに作成）

を閉じ込め、地球を温める効果を持つ。ガラスに囲まれて内部の気温が高くなる温室にたとえてこれを「温室効果」と呼び、大気中で熱を吸収する気体のことを「温室効果ガス」という。英語では「熱を捕まえる」という意味で「ヒート・トラッピング・ガス」と言うこともある。温室効果ガスが、地球がまとう毛布にたとえられることがあるのはこのためだ。

温室効果ガスの代表格は水蒸気で、このほか主要なものに二酸化炭素、メタン、窒素酸化物

温室効果ガス		地球温暖化係数	用途・排出源
CO_2 二酸化炭素		1	化石燃料の燃焼など。
CH_4 メタン		23	稲作、家畜の腸内発酵、廃棄物の埋め立てなど。
N_2O 一酸化二窒素		296	燃料の燃焼、工業プロセスなど。
オゾン層を破壊するフロン類	**CFC** **HCFC** 類	数千～数万	スプレー、エアコンや冷蔵庫などの冷媒、半導体洗浄、建物の断熱材など。
オゾン層を破壊しないフロン類	**HFC** ハイドロフルオロカーボン類	数百～数万	スプレー、エアコンや冷蔵庫などの冷媒、化学物質の製造プロセス、建物の断熱材など。
	PFC パーフルオロカーボン類	数百～数万	半導体の製造プロセスなど。
	SF_6 六フッ化硫黄	22,200	電気の絶縁体など。

図 3-2　温室効果ガスの種類（環境省の資料をもとに作成）

の一種の一酸化二窒素などがある。第2章で取り上げたCFCも強力な温室効果ガスだし、その代替品として今でも広く使われているHFCも同様の温室効果ガスだ（図3-2）。だいたい、温室効果ガス全体の半分弱が水蒸気、三割弱が二酸化炭素によるものである。

地球の温度を一定に保つ上で温室効果ガスはわれわれにとってなくてはならないもので、これがなくなると、現在十四度程度の地球の平均温度は、マイナス十九度にまで低くなってしまうという。つまり現在の地球の毛布には三十三度分の温室効果があるということになる。

現在問題になっているのは人間活動によって人為的に引き起こされる地球温暖化で、これは人間活動の結果、大気中の温室効果ガスの濃度が高くなり、本来なら地球の外に出ていくはずの熱が地球の周囲に閉じ込められることから起きる。地球の毛布が厚くなっている、と言われるのはこのためだ。最大の理由は、産業革命以来、人間が大量の石炭や石油、天然ガスといった「化石燃料」を掘り出しては燃やしていることにある。

メタンは二酸化炭素の二十三倍という強力な温室効果ガスだ。天然にも大量に存在するが、ごみの埋め立てや家畜起源の排出量の増加などが原因で、大気中の濃度は増加傾向にある。亜酸化窒素も天然に存在する物質だが、化学工業や農業起源など人為的に放出されるものも少なくない。CFC、HFC、半導体産業などで使われるPFCなどは、天然には存在せず、人間が作り出した温室効果ガスで、量は少ないものの温室効果は極めて強力なため排出削減が大きな課題になっている。

基本的には大気中にとどまる熱量が増えて、平均気温が高くなることが問題なので、「地球温暖化」と呼ばれることが多いが、大気中の温室効果ガスの濃度が高くなると、気温が低くなる場所もある。影響は気温だけでなく、雨の降り方や降水量などにも影響する。このため、専門的には「気候変動」と言うことが多い。「気候変動」というと、地球の気候が勝手に変動するように聞こえる、ということで「人為的な気候変動」ということも少なくない。最近では「気候かく乱」という言葉を使おう、という動きもある。本書では特に必要でない場合以外は「地球温暖化」という言葉を使うことにしたい。

◆一秒間に千トンも

現在、世界中から大気に放出されている二酸化炭素の量は、エネルギー利用とセメント産業からのものだけで約三百三十億トン（炭素換算で約九十億トン）にもなる。一年は三一五三万六〇〇〇秒であるから、一秒間に出る二酸化炭素の量は千トンにも及ぶ。空気と同様、目に見えないガスなのであまりピンとこないが、こうしてみるといかに大量のガスが地球を取り巻く大気の中に放出されているのかが分かるだろう。

図3-3は二酸化炭素以外の温室効果ガスを含めた排出量の変化を示している。人間活動が原因の温室効果ガスの排出量は一九七〇年から二〇〇四年の間までに約七〇％も増え、この傾向は今も続いている。

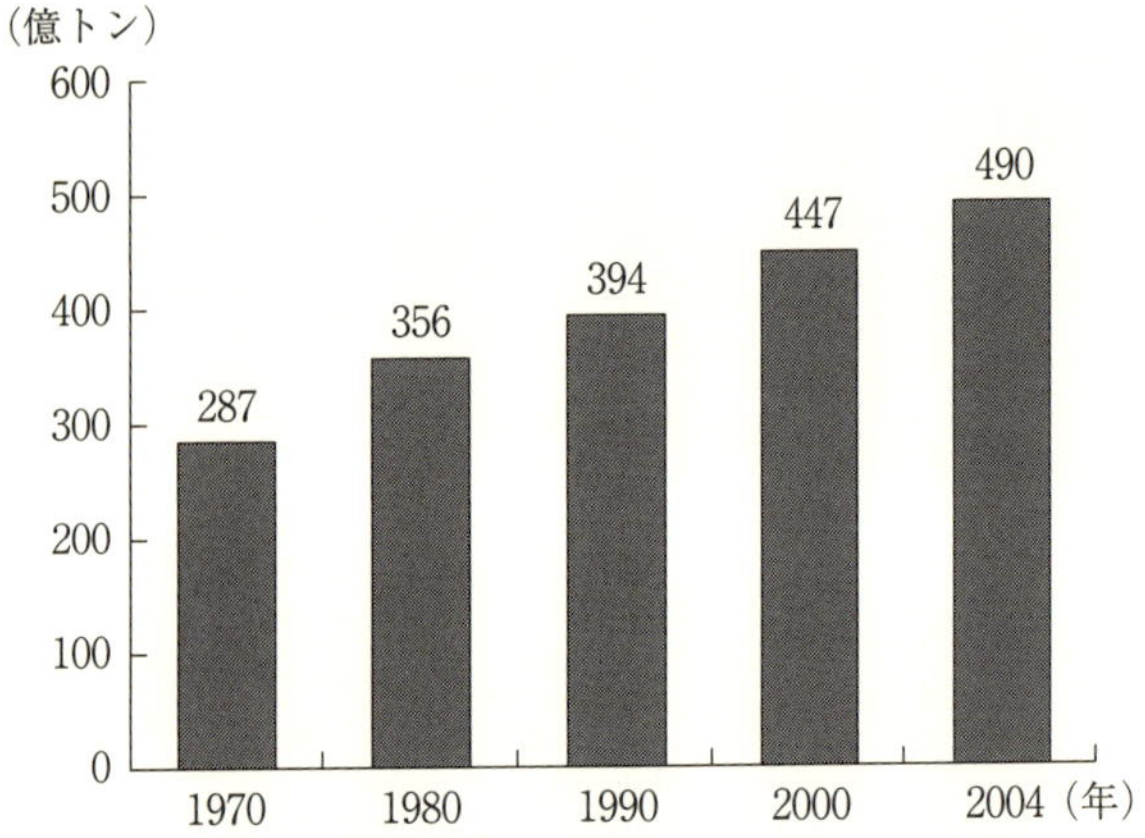

図 3-3 世界の温室効果ガスの排出量の変化 (環境省の資料より)

図3-4が示しているのは世界の化石燃料の使用によって出る二酸化炭素の国別排出量だ。既に中国が世界最大の排出国となり全体の二二%を占め、米国の一九%がこれに次いでいる。日本は世界第五位の排出国で全体の四%を排出している。中国は国としては大きいが人口も多いため、一人当たりにすると四・九トンと少なく、日本の九・三トンの半分弱。一人当たりでは米国の十八・六トンが群を抜いている。

部門別の排出量で見ると、石炭などを燃やして電力を作ったりするときに出る「エネルギー供給」の分野が約二六%と最も多い。世界のエネルギー消費量は増え続けており、この分野の排出量も増加傾向が著しい。部門別第二位は鉄鋼など一九・四%である。その次に多いのは森

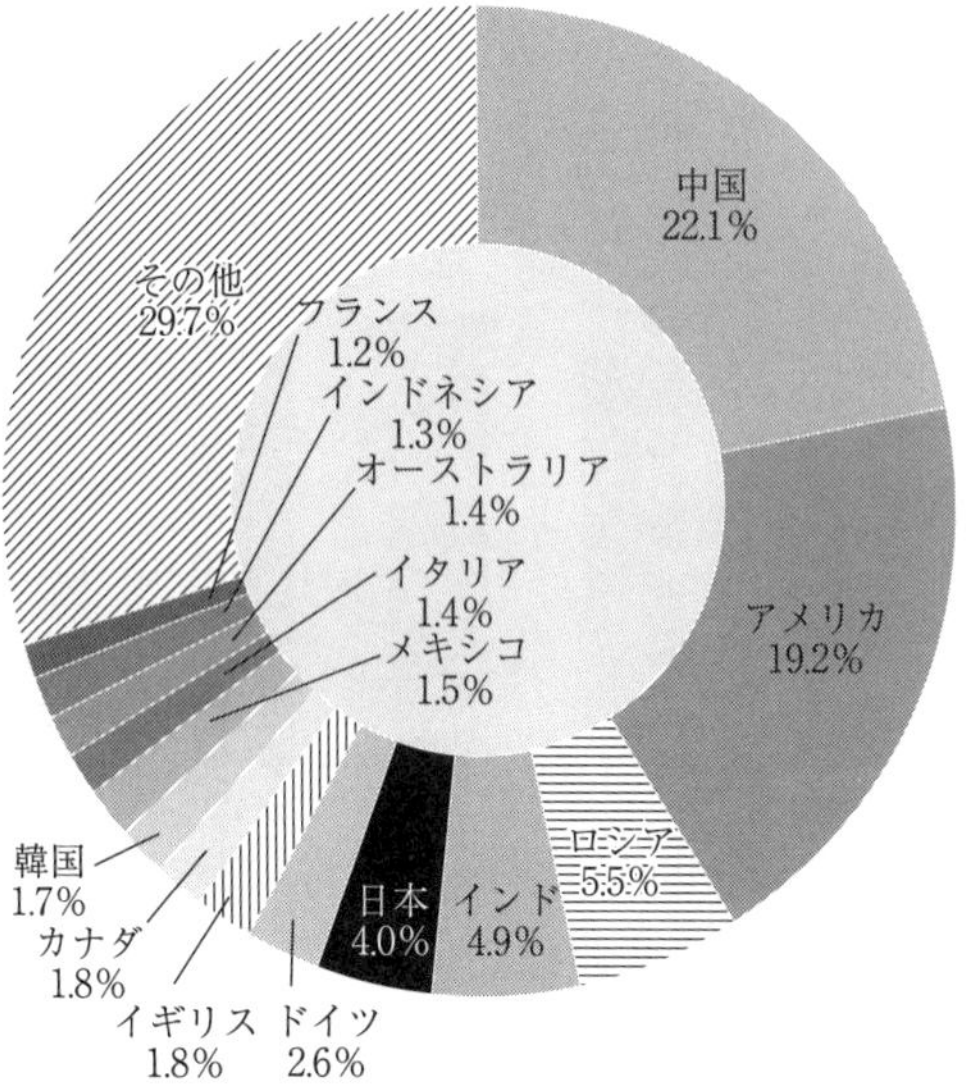

図 3-4　世界の二酸化炭素排出量（2008 年の総量約 295 億トンの国別排出割合）（環境省の資料より）

林関連の排出で全体の一七%にもなる。後で詳しく述べるように世界の森林破壊は深刻で、山火事や焼き畑などが原因で大量の二酸化炭素が排出されている。その次が自動車のガソリンに代表される運輸部門で全体の一三%で、これも新興国を中心に増加が目立つ分野だ。家庭やオフィスからの排出も増加が目立つと指摘されているが、量的には八%弱と少ない。

これらの二酸化炭素の一部は海水中に溶ける形で吸収され、一部は森林や土壌など陸の生態系に吸収されて地球の炭素循環の中に戻

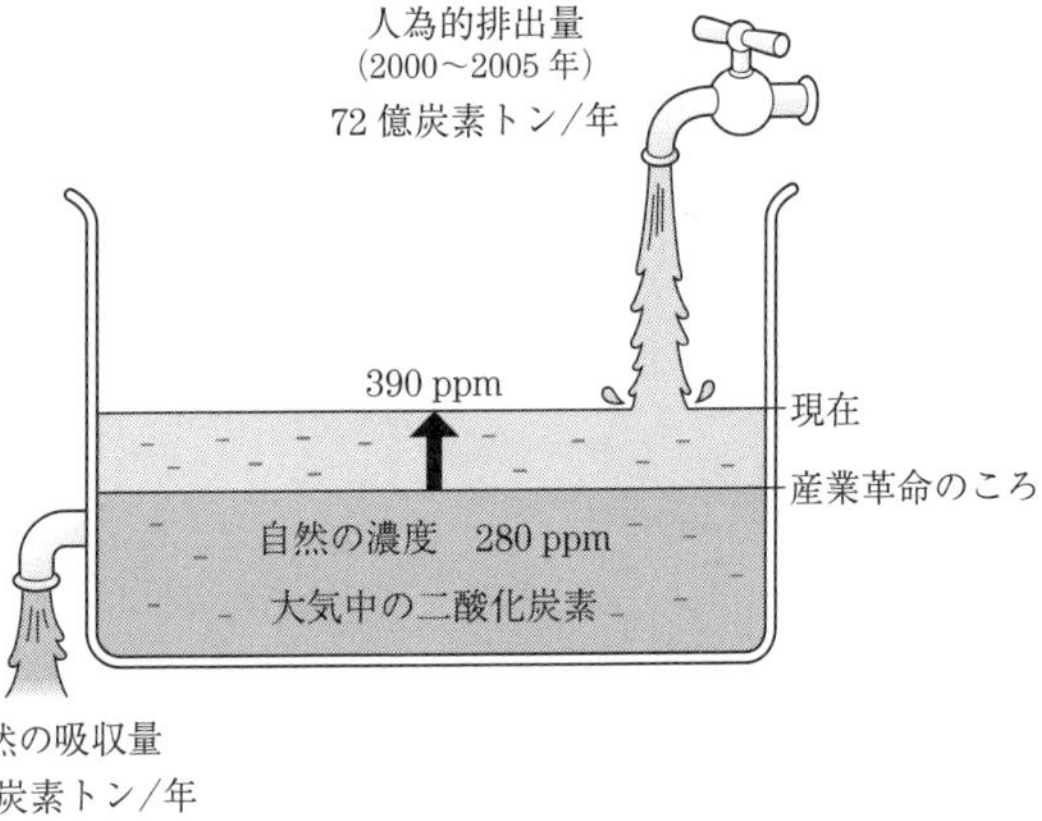

図3-5　大気中の二酸化炭素の濃度が高くなるしくみ（環境省の資料をもとに作成）

っていく。図3-5は二〇〇〇〜〇五年のデータで、しかも重さが炭素換算になっているので少々分かりにくいが、海や森林など自然が吸収している量は人為的に排出される量の半分以下だけで、残りが大気中にどんどん蓄積され、大気中の二酸化炭素の濃度が高くなっていくという状況を模式的に示している。排出量を減らすには時間がかかるし、既に大量に放出された温室効果ガスが大気中にたまっている。大気中の濃度を安定化させるためには、長い間かけて今の排出量を半分よりもさらに小さくしていかねばならない。二〇五〇年には現在の排出量の八〇%を減らさなければ、温暖化の大きな被害は防げないと考えられている。

大気中の二酸化炭素濃度は、産業革命のころには二八〇ｐｐｍだったものが、今では三九〇ｐｐｍと四〇％近くも増えていることになる。産業革命のころには七一五ｐｐｂ（ｐｐｂは十億分率）だったメタンの濃度も、最近では一七七四ｐｐｂと大幅に増えている。

◆暑くなる地球

このような温室効果ガスの濃度増加、つまり地球が掛けている毛布の厚さが厚くなることによって、地球の平均気温は上昇し、海水が膨張したり、陸の氷が溶けたりすることで起こる海面上昇も進んでいる。一方で、氷河や山の万年雪、北極海の海氷などはどんどんその面積が少なくなっている。これらをまとめた図3-6からは、温室効果ガスの濃度上昇と歩調を合わせるように気温や海面の水位が高くなり、氷の量が減っていることが明確だ。

地球温暖化の科学的な研究成果をまとめ、政策決定者に提供する目的で一九八八年に組織された「気候変動に関する政府間パネル（ＩＰＣＣ）」は、二〇〇七年の報告書の中でこれらのデータを示し、「気候システムの温暖化には疑う余地がない」と明言。その原因については「二十世紀半ば以降の世界平均気温の上昇はその大部分が、人間活動による温室効果ガスの増加によってもたらされた可能性が非常に高い」と結論づけた。

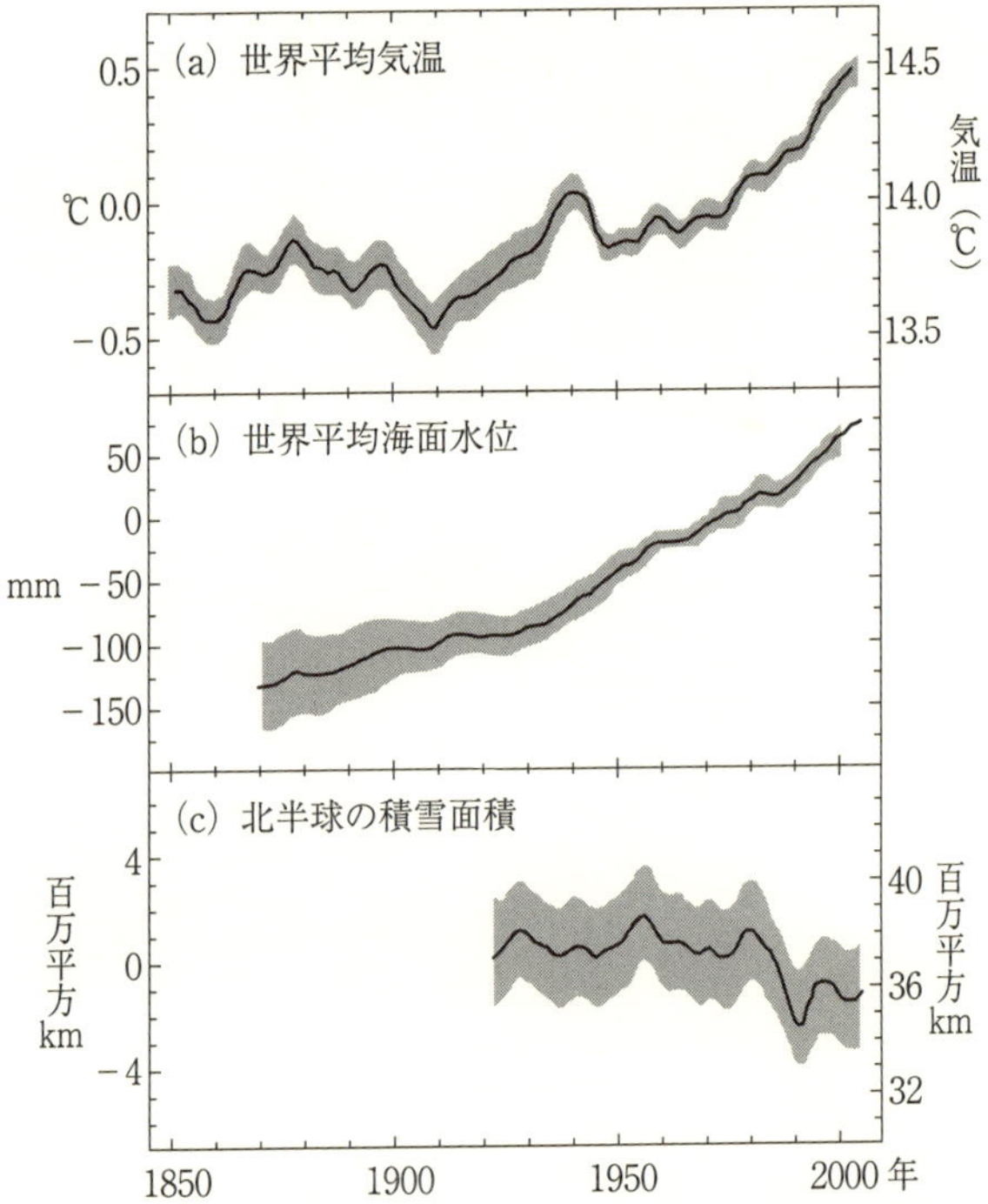

図 3-6　(a) 世界の平均気温の上昇、(b) 世界の平均海面水位の上昇、(c) 北半球の積雪面積の減少を示す。網がけの部分は、不確実性の幅。（IPCC2007 を改変）

IPCCによると、既に地球の平均気温は産業革命前に比べて〇・七四度高くなり、陸上や海の生態系などにさまざまな影響を及ぼし始めている。一九八〇年代には、温暖化の影響が顕在化するのは二〇五〇年ごろになるだろう、とされていたのだが、影響は多くの人の予測を上回るペースで顕在化しつつある。

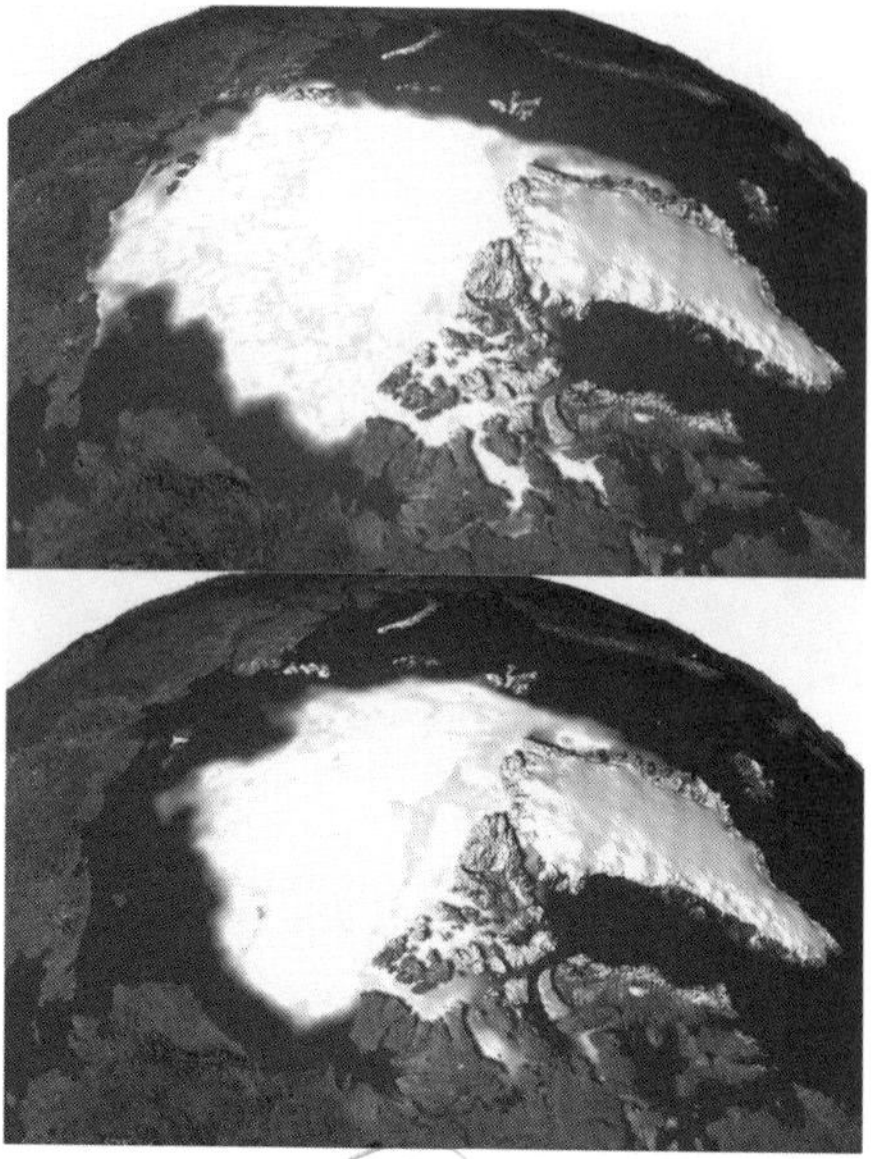

減少が目立つ北極の海氷の衛星観測画像。上が1979年、下が2005年（NASA提供）

◆今後の排出量のシナリオ

それでは地球温暖化が進んだ場合、どんなことが起こるのだろうか。といっても将来を予測することはなかなか難しい。

まず、将来の温室効果ガスの排出量がどのように変化するかを予測する必要がある。その上で、地球の気候の変化をコンピューター上に再現するシミュレーション（模擬実験）の手法を使って、地球上での熱の分布の変化などを予測、さらにそれが気温や降水量、海流などに与える影響を予測する、という手法が取られる。気温が上がり、降水量が変化した時に、生態系や農産物の収穫、生物の分布、あるいは感染症の広がりなどがどう変化するかを予測するには、コンピューターシミュレーションでは精度に限界がある。このため過去に観察されたデータなどを加味して、変化を予測することも行われる。温暖化の将来予測にはこうして多くの不確実さがつきまとうことになる。

ＩＰＣＣは、温室効果ガスの排出量については、比較的少ないケースから対策が進まず排出量が今後もかなりのペースで増え続けるというケースまで、いくつかの共通する「シナリオ」を定めており、各国の研究者はこれを利用して、シミュレーションなどを行っている。

ＩＰＣＣによると、将来に予測される気温上昇には幅があり、排出量が少ないシナリオでは今世紀末に二〇〇〇年ごろと比べて一・八度、排出量が多いシナリオでは四度の気温上昇が起こると予測される。それぞれの予測には不確実性の幅があり、これを考えると最低では一・一度、最高では六・四度とその幅は広がる。予測には幅があるのだが、すべてのシナリオに共通していることは「今後二十年間で〇・四度、平均気温が上がる」という点だった。これまでに放出された大量の温室効果ガスによって、今後、少なくとも〇・四度の気温上昇は「約束されてしまった」ということになる。平均気温の差が一度とか四度などといっても今ひとつ実感はわかないのだが、東京都と仙台市の平均気温の差が三・七度、東京都と鹿児島市の差が二度だというと四度の気温上昇というものの大きさが分かるだろう。

温暖化による生態系や農業、異常気象などへの影響は気温の上昇の度合いによって違ってくる。図3-7は、IPCCが、今後の温度上昇がどのくらいになった時に、どのような影響が現れるかについてまとめたものである。これによると、環境の変化に敏感な生物種の絶滅やサンゴ礁の死滅などは、一度の気温上昇によっても発生する可能性が高い。洪水などの災害の増加、感染症の拡大、水不足に苦しむ人の増加などは平均気温の上昇が二度に達する前くらいから起こり始める可能性があり、温度上昇が三度を超えたあたりからは、地球上の至るところで、さまざまな影響が出始めるということになる。

排出量が多い場合は、今世紀半ばには気温上昇が二度を超えてしまうこともありうる。今、生まれたばかりの子供が五十歳になるころのことだと考えれば、地球温暖化の影響は遠い将来のことではなく、今この地球上に生きている世代の人々に直接影響を与える問題だという

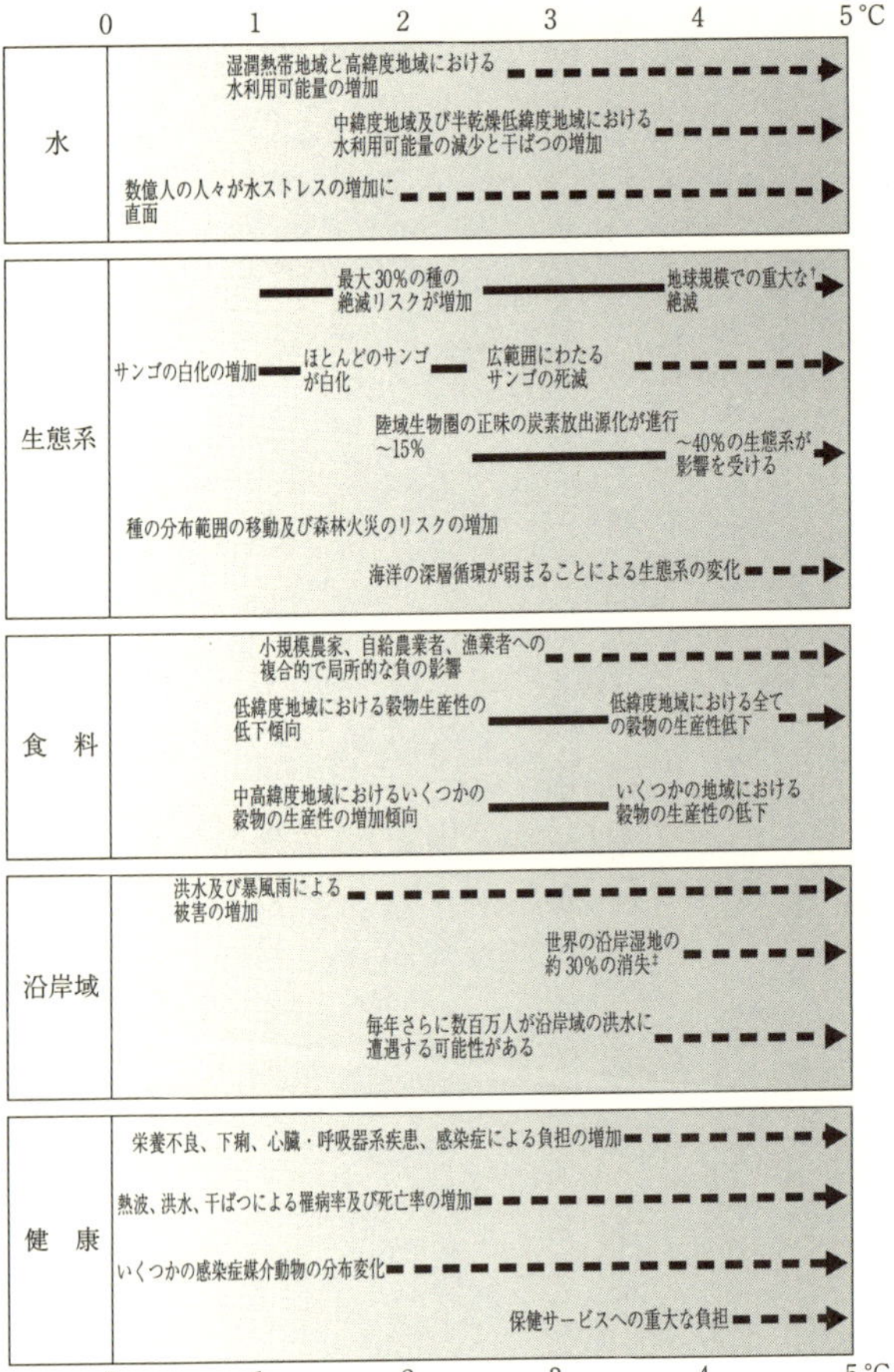

†「重大な」はここでは40%以上と定義する。
‡2000年から2080年までの海面水位平均上昇率4.2 mm/年に基づく

図3-7　1980〜99年に対する世界年平均気温の変化（IPCC2007／環境省の資料を改変）

ことが分かるだろう。

IPCCによると、さまざまな温暖化の影響は二〇五〇～二一〇〇年の間に顕在化する可能性が高い。定量的な予測ではないが、IPCCは、世界の多くの地域でも熱波や豪雨の発生頻度が増えることは「可能性が非常に高く（発生確率が九〇%を超える）」、干ばつの影響を受ける地域の増加、強大な台風活動の増加、高潮の増加などについては「発生するか可能性が高い（確率は六六%程度）」と予測している。

排出量がかなり少なくなるという楽観的なシナリオでも、今後に予想される気温の上昇は大きく、二〇五〇年以降の世界では、地球温暖化と関連する災害などが多発することになる可能性は極めて高いと言えそうだ。

図3-7の表からわかるように、地球温暖化の影響を可能な限り小さくするためには産業革命以来の気温上昇を二度未満に抑えることが必要になる。既に〇・七四度上昇しているのだから、これはかなり大変だ。

IPCCによると、温度上昇を二～二・四度に抑えるには排出量の増加傾向を遅くとも二〇一五年に減少に向かわせ、五〇年には二〇〇〇年比で少なくとも半減させなければならない。

後で述べるように温室効果ガスの排出削減のための世界の取り組みは遅れがちで、温暖化の被害を食い止めることはどんどん困難なものになっているのである。

◆始まった取り組み

将来に予想されるこのような温暖化の被害を防止しようとの取り組みは、かなり前から始まっている。ＩＰＣＣなどの指摘を受けて一九九二年に採択された「気候変動枠組み条約」は、国際的な温暖化対策の最初の成果だ。

温暖化対策は各国のエネルギー政策や経済成長の在り方に直結するため、各国の利害が複雑に対立し、なかなか合意が得られないという点では、今もこの当時も変わらない。条約は「枠組み条約」の名が示すように国際的な温暖化対策の枠組みを定めるだけのものだったのだが、複雑な交渉の結果、その文面は極めて分かりにくいものになっている。

条約は、そもそもの目的について「気候系に対して危険な人為的干渉を及ぼすこととならない水準において大気中の温室効果ガスの濃度を安定化させることを究極的な目的とする。そのような水準は、生態系が気候変動に自然に適応し、食糧の生産が脅かされず、かつ、経済開発が持続可能な態様で進行することができるような期間内に達成されるべきである」と記している。つまり、「地球温暖化の深刻な影響が出て、生態系や食料生産や各国の開発に影響が出る前に、原因となる温室効果ガスの大気中の濃度を一定のレベルに抑えよう」というのが条約の究極の目的である。条約は、これまでに排出された温室効果ガスのほとんどが先進国からのものである、との発展途上国の指摘を背景に、旧ソ連圏諸国を加えた先進国が率先して行動を取ることを定めている。

条約交渉の中で、一部の国や科学者の中には、目標達成のためには世界全体の排出量を「二〇〇〇年までに一九九〇年レベルに抑える」ことの重要性を主張する意見が強く、これを条約の中に書き込むべきだとの声が出た。ただ、これには当時、最大の温室効果ガスの排出量だった米国などが強く反対し、議論は再三、暗礁に乗り上げた。

長い交渉の中でまとまったのが、先進国が排出削減努力を進めることを定めた条約第四条の以下のような条文だ。

先進国は「温室効果ガスの人為的な排出を抑制すること、並びに温室効果ガスの吸収源及び貯蔵庫を保護し及び強化することによって、気候変動を緩和するための自国の政策を採用し、これに沿った措置をとる。これらの政策及び措置は、温室効果ガスの人為的な排出の長期的な傾向をこの条約の目的に沿って修正することについて、先進国が率先してこれを行っていることを示すこととなる。二酸化炭素その他の温室効果ガスの人為的な排出の量を一九九〇年代の終わりまでに従前の水準に戻すことは、このような修正に寄与するものであることが認識される」

条約に明記された国際目標だとはとても言い難い表現なのだが、以来、二〇〇〇年の排出量を一九九〇年の水準に戻すということが、国際社会が目指すべき目標とされていくことになる。だが、その後も世界の温室効果ガスの排出量は伸び続け、二〇〇〇年にこの目標を達成することはできなかった。

◆「歴史的」な京都会議

枠組み条約の中には、それでは目標達成のためにいつまでに、どれだけ排出量を減らすのかという規定はない。「各国の取り組みを進めるためには、具体的な排出削減目標を定めた議定書が必要だ」との声の高まりを受けて、一九九五年の条約の第一回締約国会議で新たな議定書の交渉が始まった。オゾン層保護のための具体策がなかったウィーン条約の下で、具体的な削減スケジュールを定めフロンの排出量を減らすことに成功したモントリオール議定

8% 減	欧州連合（ＥＵ）15カ国、スイスなど
7% 減	アメリカ（後に離脱）
6% 減	日本、ハンガリー、ポーランド、カナダ（後に離脱）
5% 減	クロアチア
安定化（0）	ロシア、ウクライナ、ニュージーランド
1% 増	ノルウェー
8% 増	オーストラリア
10% 増	アイスランド

図 3-8　京都議定書での排出削減目標（2008〜12年、1990年比）

書の例に倣おう、という発想だ。これが、九七年、京都市での第三回締約国会議（ＣＯＰ３）で長い交渉の末にまとまった京都議定書である。議定書は、先進国全体の排出量を「二〇〇八～一二年の間に少なくとも五％削減すること」を目指す」と明記、そのために日本は二〇〇八～一二年の間に一九九〇年比で六％、欧州連合（ＥＵ）は八％、米国は七％などと先進各国別の排出削減を義務づけた（図3-8）。先進国が一致して二酸化炭素などの削減目標を負うという国際協定は初めてのことで、議定書の採択は「画期的な成果だ」と讃えられた。

だが、最大の排出国だった米国は二〇〇一年に議定書の批准拒否を宣言して離脱、議定書は翌年発効したものの、その効力は大きくそがれることになった。ロシアなど旧ソ連圏の国での経済の低迷で排出量が減ったことに加え、批准各国での努力が進んだために、先進国だけで「少なくと

気候変動枠組み条約第３回締約国会議の閉会後、全体委員会のエストラーダ委員長(左)と握手する大木議長。中央はクタヤール事務局長＝1997年12月11日、国立京都国際会館（共同通信）

も五％」の目標は達成される見通しになったものの、その後も世界全体の排出量は増加の一途をたどる。京都議定書採択当時には予想もしなかったような勢いで中国やインドなどの排出量が急増したためだ。

「一三年以降は米国や中国を含めたより大きな枠組みが必要だ」との考えから「ポスト京都」の交渉が始まったのは二〇〇七年。米国で、温暖化対策に熱心なオバマ大統領が誕生したこともあって、二年後の〇九年末にコペンハーゲンで開かれる第十五回締約国会議（COP15）での合意成立を目指そうとの気運が高まった。COP15ではオバマ大統領のほか、フランスのサルコジ大統領、ドイツのメルケル首相、中国の温家宝首相、日本の鳩山由紀夫首相ら多数の国のトップが参加して徹夜で交渉を続けたのだが、結局、交渉は決裂、新たな枠組みの合意はおろか、具体的な交渉スケジュールさえ決められず、会議は「失敗」と呼ばれる結果に終わってしまった。

◆遅い進展

ＣＯＰ15の失敗も災いして、結局「米国や中国も参加した法的拘束力のある次の枠組みを作ろう」との合意が得られるのはそれから二年後の二〇一一年末、南アフリカ・ダーバンでの第十七回締約国会議までずれ込む。次の枠組みは「一五年までに合意し、二〇二〇年に発効させる」ということになり、京都議定書の最初の約束期間が終わる一二年末まで新たな枠組みを発効させる、という当初の目標から七年も遅くなってしまう結果となった。しかも、二〇年に大幅な排出削減につながる合意が得られるとの保証はまったくない。

それまで欧州連合（ＥＵ）などが参加して京都議定書の下での削減を続けてゆくことになったのだが、議定書を議長国としてまとめた日本やカナダ、ロシアがこれへの参加を拒否したため、議定書の効果はさらに小さくなってしまった。

この間も世界の排出量は増加の一途をたどっている。ＥＵの研究機関によると、二〇一〇年の世界全体の二酸化炭素排出量は、一九九〇年に比べて四五％増え、過去最高の約三百三十億トンに達した。世界不況の落ち込みから経済活動が回復し、前年比では五・八％増と二十年で最大の伸び率となった。一〇年の排出量はEUが九〇年比で七％減、ロシアが二八％減、日本は横ばい、米国は五％増で、先進国全体では七・五％減だった。議定書が定める〇八～一二年の先進国全体の削減目標は達成が可能のようだが、中国は三・六倍、インドは二・八倍に増加。途上国全体では二・七倍近くに増えていた。

排出増加のペースは、IPCCが検討したシナリオの中で最も排出量が多いシナリオで想定しているレベルよりも速く、このままでは今世紀末の気温上昇は六度近くになり、二〇五〇年以降、世界は極めて大きな地球温暖化の影響に苦しむことになってしまいそうだ。

今世紀末の温度上昇を二度未満に抑えることによって、温暖化の影響を最小限に抑え、気候変動枠組み条約の究極の目標を達成するためには一五年ごろには世界の排出量を減少に向かわせなければならないとされているのだが、これは極めて困難になりつつある。

経済協力開発機構（OECD）の研究グループは「既に二度へのドアは閉ざされつつある」と極めて悲観的な見方を示している。

◆次世代が払うツケ

国際的な交渉は遅れがちで、排出削減の取り組みは一部を除いて遅々として進まない。発展途上国を中心に今後も人口は増え、新興国を中心に大幅な排出量の増加が続くと予想されている。これまでの排出に「歴史的な責任」がある先進国は率先して大幅な排出削減を進めなければならないのだが、日本も米国も厳しい経済状況の下、思い切った規制の導入などには消極的だし、企業も思い切った省エネへの投資には二の足を踏んでいる。唯一の救いは風力発電や太陽光発電などの再生可能エネルギーへの投資が順調であることなのだが、これもまだまだ不十分だ。

今後、数年間にわたって真剣に温室効果ガスの排出削減に取り組まない限り、二〇五〇年以降、温暖化の影響がどんどん大きくなるのだが、地球温暖化対策の将来には悲観的にならずにはいられない。

先にも述べたように、二酸化炭素などの大気中での寿命は長く、既に大量の二酸化炭素が大気中にたまっている。「排出量を減らす」といっても大幅な削減が達成できるまでには何年もかかる。今の若い世代の人々は、二〇五〇年ごろには人類がかつて経験したことがないほど二酸化炭素の濃度が高い大気に囲まれて生き、その結果、温暖化の深刻な被害に直面してしまうということになってしまう。その可能性は年々、高くなっているのである。

地球温暖化問題は「世代間の公平」という問題を人類に突きつけている。主に今の大人の世代が享受してきた豊かな暮らしは、石炭や石油などの化石燃料という安いエネルギーを大量に使うことで実現した。その結果引き起こされた温暖化の大きな被害が顕在化するのは二〇五〇年以降のことになるので、その被害を最も激しく受けるのは今の若者やその子供たち、次の世代の人々だということになる。

今後、化石燃料を使うことに対する環境面からの制約は大きくなる一方なので、次世代の人はこれまでのように安価な化石燃料に依存することは難しくなる。もはや一定の気温上昇は避けられないので、影響に対応するための対策にかなりの資金を投じなければならなくなる。深刻化する温暖化問題は「次世代のニーズを損なうことなく、自らのニーズを満たす」という「持続可能な開発」を実現することに、人類が失敗しつつあるということの証明だ。

コラム3 気候変動に関する政府間パネル（ＩＰＣＣ）

地球温暖化に関する科学研究は複雑で、不確実な部分が多い。国際的な対策などの議論を進めるためには、信頼できる科学者からのインプットが必要だ。こんな発想から一九八八年に、世界気象機関（WMO）と国連環境計画（UNEP）によって設立された組織が、気候変動に関する政府間パネル（IPCC）である。

世界の第一線で活躍する温暖化の研究者が集まって、温暖化に関する研究成果を検討し、最新の温暖化の科学に関する成果を「評価報告書」の形でまとめ、政策決定者に示す。政策提言などは行わないが、政策決定に必要な情報を提供する。最終的な報告書は、科学者以外の政策決定者も参加した総会で採択されるため、権威が高いものとなり、条約などの国際交渉にも大きな影響を与える。

「温暖化の科学」、「温暖化の影響」、「温暖化の緩和策と適応策」を検討する三つの作業部会があり、本部はジュネーブ。第一次評価報告書は一九九〇年、第二次が一九九五年、第三次が二〇〇一年に発表され、現在は二〇〇七年にまとめた第四次の評価報告書が最新で、二〇一五年を目指して第五次の報告書の検討作業が進んでいる。二〇〇七年に「気候変動に関する活動」が評価され、米国のアル・ゴア元副大統領とともにノーベル平和賞を受賞した。

第4章　生き物が住めない海――進む海洋の酸性化

地球温暖化によって将来的に引き起こされることが心配されている悪影響の一つに「海洋酸性化」と呼ばれる現象がある。海の生態系の基礎を支える生物の生息を脅かし、ドミノ倒しのように海の環境を悪化させてゆくことが心配されているこの現象は、海面上昇ほど知られてはいないものの、「二十一世紀、最大の海の環境問題となる可能性がある」とまで言う人もいる重大なものだ。原因となるのはわれわれが「便利な暮らし」をするために大量に使った石炭や石油が原因で大気中に蓄積している二酸化炭素である。「海洋の酸性化」の悪影響も、われわれが次の世代に残す典型的な「環境負債」であると言える。

◆溶け込む炭酸

地球上の七〇%を覆う海の水の量は十三・七億立方キロといわれ、地上に存在する水の九七%を占めている。海の水にはいろいろな物質が溶け込んでいて、場所によって差はあるものの、酸性、アルカリ性の度合いを示すpH（水素イオン濃度）にして八・一七と弱いアルカリ性を示す。

　ところが大気中の二酸化炭素濃度が高くなると、大気中から海に溶け込む二酸化炭素の量が増えてゆく。難しい化学反応はここでは省略するが、海に溶け込む二酸化炭素は弱い酸性物質の炭酸の形になるので、弱いアルカリ性を示す海水のｐＨが徐々に小さくなっていく。これが海洋酸性化と呼ばれる現象だ。

　大気中の二酸化炭素の濃度は過去にも変動しており、海のｐＨも変わっていたことが堆積物やその中の化石の研究から分かっている。

　だが、カナダのモントリオールにある生物多様性条約の事務局などによると、海洋酸性化現象は、過去二千万年間の変動の百倍の速度で進んでいるという。報告書によると、過去二百五十年間で海水のｐＨは約〇・一以上低くなっている。産業革命前に大気中の二酸化炭素の濃度が二八〇ｐｐｍだった時には八・一七だった海水のｐＨは、濃度が三九〇ｐｐｍに達した現在では八・〇六程度になったという。ｐＨの低下はごくわずかに見えるが、十三億立方キロという大量の海の水のｐＨが変わるのだから、その変化がいかに大きいものかは想像がつくだろう。これは過去に記録されている自然の変動よりもはるかに速いペースであり、しかも、今のペースで大気中の二酸化炭素の濃度が増え続けると、ｐＨが二一〇〇年には

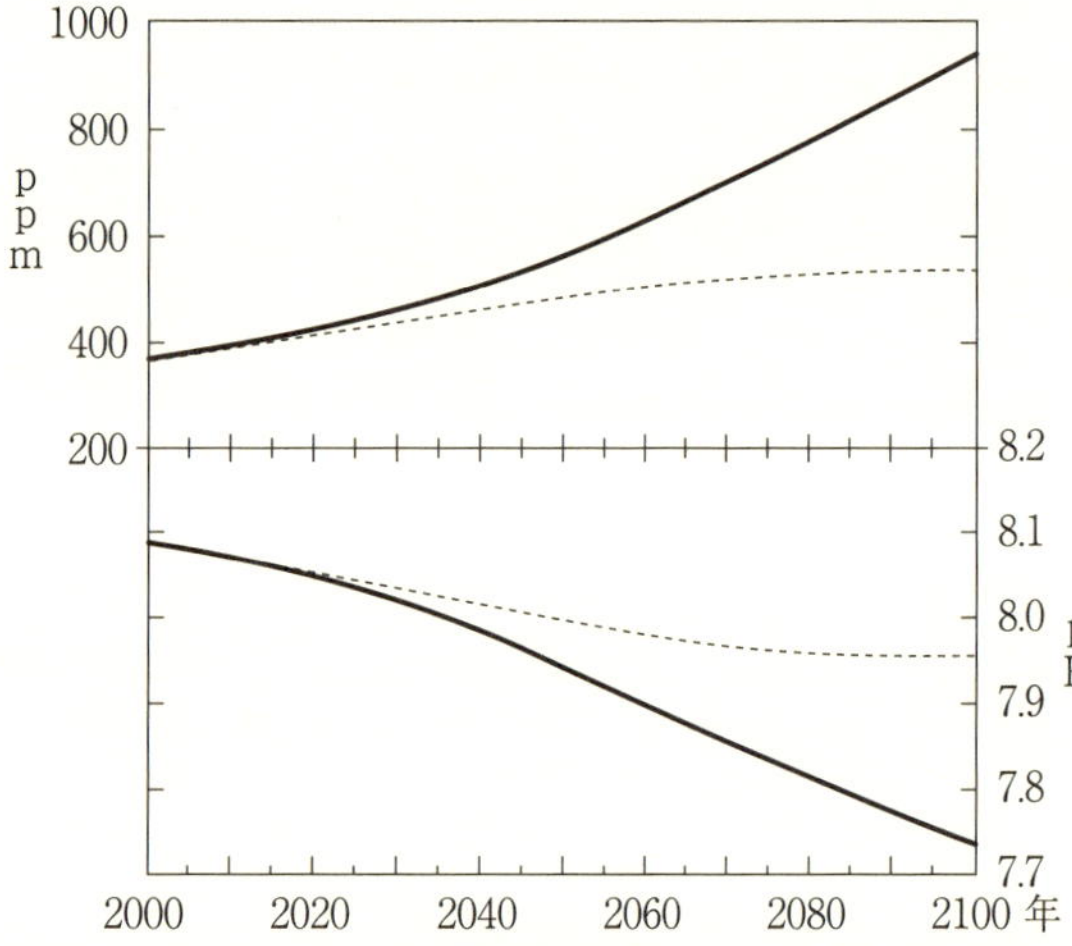

図 4-1 （上）大気中の二酸化炭素濃度と、（下）海水の pH（水素イオン濃度）の変化の予測（IPCC2007 を改変）

〇・四〜〇・四五低下すると予測されている（図4-1参照）。

海水のpHの低下は海の生態系にどのような影響を与えるのだろうか。真っ先に影響を受けるのはサンゴや貝など、海中の炭酸を利用して炭酸カルシウムという固い物質をつくってその殻をかぶっている生物だ。海水中の化学反応を利用して殻をつくるこれらの生物は、酸性化が進むと、サンゴの骨格や、エビや貝やプランクトンなどの殻の主成分である炭酸カルシウムの生成が難しくなり、殻がもろくなったり、サイズが小さくなったりする。これらの海の食物連鎖の底辺にいる重要な生物がいなくなると、やがては海の食物連鎖全体に大きな影響を与えることが心配されている。条約事務局によると、既に海水中の炭酸イオンの濃度は、過去八十万年で最も低くなっているという。過去の化石などの分析によって、今から五千五百八十万年前に世界中の海で起こった生物の大量絶滅は、自然に発生した海洋の酸性化が原因だったという説も提案されている。

◆貝殻が溶ける

実験室内では既に、海水のｐＨが小さくなることがさまざまな生物に悪影響を与えることが確認されている。水産総合研究センター東北区水産研究所の高見秀輝主任研究員は、高級食材のエゾアワビの稚貝の成長に海洋酸性化が与える影響を調べた（図4-2）。空気中の二酸化炭濃度を変えながら水槽の中で稚貝を飼育した結果、大気中濃度が現在のほぼ二倍の八〇〇ｐｐｍになって海水に溶け込む量が増えるとエゾアワビの稚貝の貝殻が溶け始め、一〇〇〇～一五〇〇ｐｐｍになると溶解が進んで貝の生息が難しくなることが分かったのだ。高見さんは「二酸化炭素の大量排出が続けば、今世紀末には八〇〇～一〇〇〇ｐｐｍになるとの予測もある。もしそうなったら、エゾアワビのように浮遊生活をする貝類に深刻な影響が出ると考えられる」と話す。

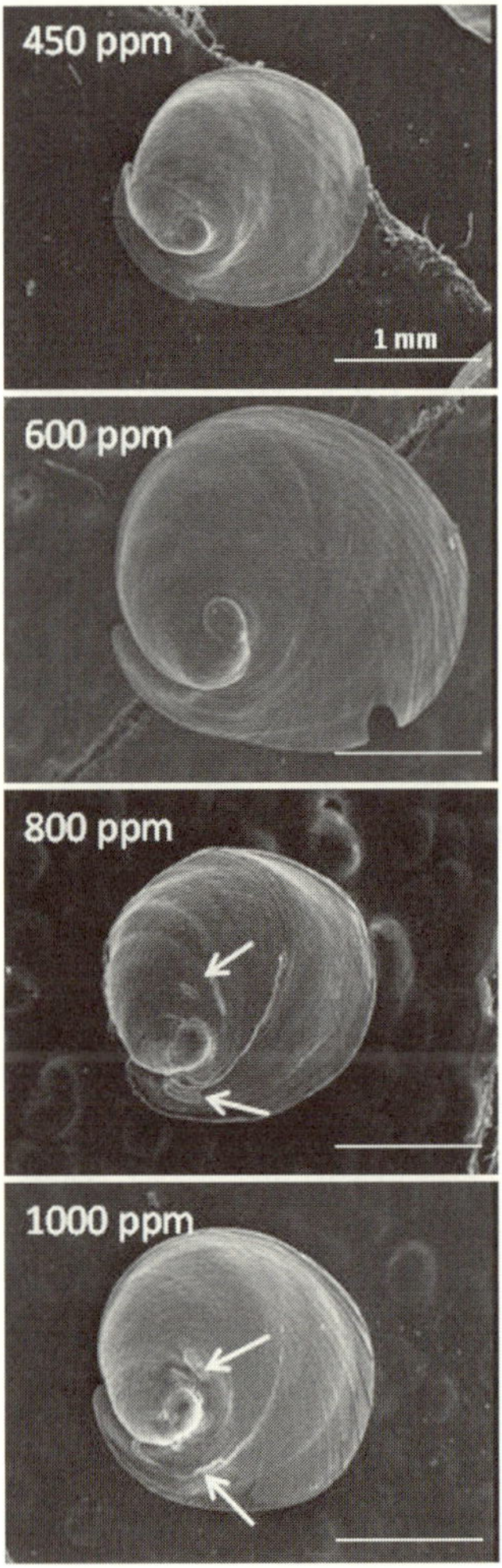

図 4-2　エゾアワビの稚貝に海洋酸性化が与える影響の実験結果。二酸化炭素濃度が 600 ppm までは稚貝の貝殻の表面はなめらかだが、800 ppm を超えると表面に小さな傷が生じ、殻が溶け始める（矢印）（水産総合研究センター東北区水産研究所提供）

酸性化は殻をつくるプランクトンだけでなく、魚などの生息にも悪影響を与える。オーストラリアのジェームズ・クック大学などの研究チームは、映画「ファインディング・ニモ」の主人公として人気になった熱帯魚「カクレクマノミ」に近いクマノミの一種の稚魚に酸性化が与える影響を調べてみた。ふ化直後の稚魚を、空気中の二酸化炭素濃度を変えた水槽中で四日間飼育。その後、捕食者がいる海の中に戻して、生存率を比較した。濃度が現在とほぼ同じ三九〇ｐｐｍで、海水の酸性化が進んでいない環境下で育った稚魚が捕食者に食べられて死ぬ比率は約一〇％だったのに対し、七〇〇ｐｐｍの環境下で育った稚魚の場合は死亡率が五七％に上昇。八五〇ｐｐｍの場合は九三％とさらに高くなり、ほとんど生き残れなかった。酸性度が高い環境で育ったクマノミは、通常の環境で育ったクマノミに比べ、隠れ場所から離れる時間や距離が長くなり、捕食者を警戒する行動が少なくなることが観察されたという。室内実験では、酸性化が進んだ水で育った魚は嗅覚に異常が発生し、天敵のにおいを識別できなくなることも判明。グループは、これが天敵に捕食されて死ぬ確率が高くなった原因だとみている。

この酸性化の影響が生物に出始めるのは今から何百年も先だとの指摘もあったのだが、日本の海洋研究開発機構のチームが行ったシミュレーションからは、これがそんなに先のことではないとの結果が出ている。

グループが二〇〇五年に「ネイチャー」に発表した論文によると、経済活動に伴って二酸化炭素放出量が増えていく「気候変動に関する政府間パネル（IPCC）」のシナリオに基づいて、海の中に入る二酸化炭素の量や動きをコンピューターを使って予測したところ、約五十年後には南極海で炭酸カルシウムが溶け始める海域が現れ、続いて北太平洋亜寒帯域で影響が出ることが分かった。

グループによると、今後も大気中の二酸化炭素濃度が上昇し続ければ、今世紀末までには、南極海全体と北太平洋の一部の海域で、ある種の動物プランクトンやサンゴが、殻を育てることができなくなるまでに酸性化が進むという。このような状態に海が陥るのは過去何百万年もの間に例のないことで、グループは「われわれが知る限り現在の海洋の酸性化の進み方は前例がないものだ」と指摘している。

グループは生物への影響を調べるために、実際に二一〇〇年に起こるとみられる条件の下で、ある種のプランクトンを飼育する実験も行った。すると、酸性化に弱いアラレ石という成分で殻をつくる動物プランクトンの殻が、わずか四十八時間で溶け始めてしまうことが分かった。

この研究で、南極海などで殻が溶け出す現象が始まると推定された大気中の二酸化炭素の濃度は、約六〇〇ｐｐｍだった。今後、われわれがどの程度のスピードで温室効果ガスの排出削減を進めるか、あるいは進められないのかによって、今後の大気中の濃度は変わるのだが、六〇〇ｐｐｍという濃度は、現在のペースで排出が続いた場合には今世紀半ばにはここまで上昇してもおかしくないとされているレベルである。海洋酸性化の影響を考えたら、一刻も早く温室効果ガスの排出削減を進めなければならないと言えるだろう。

◆温暖化で海氷が溶けると……

さらに重要なことは、地球温暖化が、海洋酸性化の悪影響を加速させる心配があることを示すデータが得られているということだ。

海洋研究開発機構の別のグループは二〇〇九年の十一月、地球温暖化で海氷の融解が進んでいる北極海で、海水中の炭酸イオンの量が減少、プランクトンや貝の殻の主成分である炭酸カルシウムの形成を妨げる恐れのある水準までになっているとの調査結果を、米国の科学誌「サイエンス」に発表している。〇八年夏にアラスカ沖の北極海の南北約千五百キロ、東西約千キロにわたる海域で表層水を調査、炭酸イオンや融解水の量を観測し、一九九七年のデータと比較したところ、炭酸イオンが全域で大きく減っていると同時に、融解水の量が多い海域ほど炭酸イオンの減少が著しいことが判明。一部では殻の炭酸カルシウムが海水に溶け出してもおかしくないほど炭酸イオンが減り、北極海は世界中で炭酸イオン不足が最も深刻な海域であることも分かった。真水に近い海氷の融解水が大量に流入し、海水が薄まっているのが原因とみられる。

研究グループのひとり、同機構の西野茂人技術研究主任は「酸性化と海氷融解水の流入というダブルパンチを受け、北極海では予想以上の速さで炭酸イオン不足が進んでいる」と指摘。「貝やプランクトンが減ればそれをエサにする魚なども被害を受けるので、生態系全体への悪影響が心配される」と警告している。

高温の海水温が原因で白化したサンゴ
(米海洋大気局提供)

温暖化と酸性化のダブルパンチを受けるのは、北極海の生物だけではない。サンゴは酸性化の影響を最も激しく受ける生物種の一つであることが分かってきたが、地球温暖化が原因とみられる海水温度の上昇によって、既に多くの地域で生息を脅かされている。海水温度が高くなると、サンゴに共生して光合成を行う植物プランクトンがサンゴから逃げ出して、サンゴが真っ白に変色してしまう。これが「白化」と呼ばれる現象で、近年、日本沿岸を含む世界各地の海でサンゴの大規模な白化が相次いで報告され、温暖化の影響が指摘されている。海水温度の上昇で生息状況が悪化した海域で酸性化が進めば、サンゴの減少は急速に進み、これが海の生物多様性に悪影響を与えることになるとの懸念が高まっているのだ。

◆確実に起こる問題

海洋酸性化に関する研究は世界各国の研究者によって進められているが、その結果得られる成果の多くが、酸性化の影響が顕在化しつつあることを示すものだ。

「海洋酸性化は海の生物多様性の構成を大きく変え、何百万人という人々の暮らしと食料生産に多大な影響を与える」——二〇〇九年六月、日本学術会議など世界の科学者団体でつくる学術組織「インターアカデミーパネル」はこんな声明を発表し、各国政府に二酸化炭素の削減対策の強化を呼び掛けた。現在までの研究によると、貝殻が作れなくなる生物が増えるなどして海洋酸性化の影響が目立ち始めるのは、二〇五〇年以降とされている。酸性化の影響で海の生物が減ることは、五〇年には九十億人を超えるとされる世界の人々の食料問題に大きな影響を与えることになる。

二酸化炭素は大気中での寿命が長いため、既に地球の大気中には過去に放出された大量の二酸化炭素が蓄積され、今、排出量をゼロにしたとしても、大気中の濃度は今後、数十年間にわたって高くなり続ける。大気中の二酸化炭素が海に溶け込むにはさらに時間がかかるので、海水温度の上昇と同様に海洋の酸性化は、温暖化対策が功を奏して排出量を減らすことに成功してからも、かなり長い間続いてしまうことが確実だ。

複雑な仕組みで決まる気温や海水温度に二酸化炭素濃度の上昇が与える影響を予測することは難しく、不確実な点も多いのだが、海水の酸性化は基本的には大気中の二酸化炭素の濃度のみによって決まる。つまり、大気中の濃度が高くなれば、海水の酸性化は化学の法則に従ってほぼ確実に起こり、化学反応を利用して殻をつくっている生物への影響もかなりの確実さをもって発生することになる。気温の上昇や高潮、海面上昇といった温暖化の影響には、栽培する作物を変えたり、住む場所を変えたり、場合によっては高い堤防を築いたりすれば、その被害を小さくすることができるのだが、いったん起こってしまった酸性化への対策を取ることは不可能である。なにせ海の水は十三・七億立方キロもあるのだから。

化石燃料の大量使用によって起こる海洋の酸性化が、いかに重大な問題であるか、次世代に回される負の遺産がいかに大きなものであるかが理解できるだろう。

コラム4 陸上起源の海洋汚染

海の環境悪化の実例として引き合いに出されることが多いのは、第6章で取り上げる世界の漁業資源の枯渇の問題だ。だが、海の環境を悪化させているのは乱獲のほかにも数多い。そのほとんどが埋め立てや開発、農業や日常生活など人間が陸上で行う活動に起因している。食料の増産を目指して農家は毎日、大量の窒素やリンなどの化学肥料を使っている。植物に吸収されずに残ったリンや窒素は川を通じて海に流れ込む。発展途上国では、生活排水や下水などの処理施設が整っていないため、人間の生活からの汚染物質が処理されないまま、大量に海に流れ込んでいる。

その結果、起こるのが赤潮などの植物プランクトンが大発生する富栄養化現象だ。大量に発生したプランクトンが死んで海底に積もると、これを分解する微生物によって大量の酸素が消費され、海の底などに酸素の濃度が極めて低い「貧酸素海域」ができてしまう。これは赤潮だけでなく、ある種の化学物質が海に流れ込んだり、養殖池からの魚介類の排せつ物や餌の残りが海底に堆積したりすることなどによっても発生する。貧酸素水が長い間滞留すると、そこはほとんど生物がすめない「死の海」になってしまう。

国連教育科学文化機関（ユネスコ）などの研究によると、この「死の海」の数は一九六〇年代の四十九か所から〇八年には日本近海も含めて四百か所超に増加してしまった。総面積は英国の面積に匹敵する二十四万五千平方キロに上るという。このほか、プラスチックなど環境中で分解されにくいごみが大量に海に流れ込んで特定の海域に「ごみだまり」を作ることや、寿命の長い有害化学物質や放射能が高濃度で蓄積する「ホットスポット」の存在も指摘されている。

沖縄などでは河川改修や陸上の工事によって赤土が海に流れ込み、これがサンゴの生息状況を悪化させていることも報告されている。国連環境計画（ＵＮＥＰ）などは、陸上の活動が原因で起こる海洋汚染を防止するためのプログラムを始め、海域ごとに行動計画をまとめるなどの対策に取り組んでいるが、問題の解決は簡単ではない。

第5章　失われる自然の恵み――生物多様性の減少

「生物多様性」という言葉を最近耳にすることが多くなったはずだ。その消失が地球温暖化と並ぶ重大な地球環境問題だといわれ、生物多様性を守るための国際条約まで結ばれた。二〇一〇年十月には名古屋市でこの条約の締約国会議が開かれたことを記憶している人もいるだろう。この言葉はもともと、米国の生物学者が提唱した「バイオロジカル・ダイバーシティ」という専門用語の直訳である。そのためもあってなかなか分かりにくいのだが、これも環境破壊とその対策の在り方、世代間の公平とは何かを考える上で、重要な問題を含んでいる。本章では、世界の生物多様性をめぐる動きを見てみることにしよう。

◆地球上の生命の維持装置

地球上にはたくさんの生物がいる。実際に何種類の生物がいるのかを知ることは不可能だと言っていいのだが、最新研究によると、地球上の生物種の数は八百七十万種だというのが最も確からしいそうだ。

四十億年を超える進化の歴史の中で、生物の種類はどんどん増え、生息範囲も広がってきた。生物はそれぞれが単独で生息しているのではなく、食べる・食べられるの関係、つまり食物連鎖の関係や共生関係、寄生などさまざまな関係を持ちあって複雑なネットワークを作ってきた。

複数の種類の生物が集まって構成され、一定の機能と構造を持って安定的に存在するものを生態系という。地球上には、生物種が豊富なだけでなく、熱帯林や亜寒帯林、湿地、干潟、サンゴ礁、草地などさまざまな種類の生態系が存在する。生物多様性とは、地球上の生物種の多様さ、生態系の多様さのことを指す言葉である。

ところがアサリの模様がどれ一つとして同じではないように、人間の顔がどれ一つとして同じではないように、ちょっと考えてみると一つの「種」の中にも、さまざまな多様さがあることが分かる。これも地球の長い進化の中で形作られてきたものと考えられている。

生物多様性には、遺伝子のレベル、種のレベル、生態系のレベルの三つのレベルがあり、それぞれがいろいろな役割を果たしながら、地球という一つの星を構成している。生物多様性とは、地球上の生命の維持装置のようなものと言えるかもしれない。何百万種といわれる生物種は、その部品のようなものだ。

多種多様な水産物が並ぶ東京・築地の魚市場

そして、人間も地球上に暮らす生物の一種として、地球の生態系に依存して生きているのだが、生物多様性は人間にとってもなくてはならないものである。地球の生物多様性がいかに豊かで、人間にとってそれがいかに大切であるかは、どこかの魚市場に行ってみるとよく分かる。サクラエビやアミのような小さな生物からクロマグロのような巨大な魚まで、魚市場に並ぶ魚介類のほとんどが野生生物である。そして、これらの多種多様な生物が人間の食生活を支えている。今では、多くの野菜や穀物は人間が育種をした「栽培種」であるが、元は野原に生えていた「野生種」であった。

生物多様性は、「食」だけでなく、「衣」や「住」にとっても大切であることは周囲を見回して見ればよく分かる。いまだに多くの人が木造の家屋に暮らし、絹や綿、麻といった天然素材の衣類を着ている。

　最新科学の成果である医薬品や化学物質の中にも、抗生物質のように自然界にいる生物が作り出した物質そのものであるか、それにヒントを得て合成されたものが非常に多い。現在広く使われているタキソールという抗がん剤は、イチイという植物が生産する物質から開発された。ダイエット効果を持つ健康食品が、もともとはアフリカの先住民が長い距離を旅する時でも空腹を感じないですむようにと使っていた植物から作られたこともある。この種の例は枚挙にいとまがない。

　ゴキブリやダニ、カラス、ハゲワシなどは人間にあまり好かれていない生物であるが、もともとは生態系の中で発生した廃棄物を食べて、分解処理するという地球上の物質循環の中で重要な役割を果たす生物である。ハチの羽音を聞くと怖がる人が多いのだが、小さなミツバチは花から花へと花粉を運んで授粉をし、作物を実らせるという点で、人間にも大きな恩恵をもたらしてくれる生き物だ。地球上の生物多様性がなければ、人間は一日だって生きて行くことはできないだろう。

◆失われる多様性

その生物多様性の保全が重要だと言われるようになってきたのは、人間の生活にとって不可欠な生物多様性が、近年、急速に失われていることが分かってきたからだ。

第7章で詳しく紹介するように、熱帯林という貴重な生態系は人間活動による破壊が進み、各地でどんどん小さくなっている。一年中霧に覆われる高山地帯にだけ形成される熱帯の雲霧林という生態系や、ブラジルの東海岸に広がっていた大西洋岸林という生態系は、熱帯林以上に破壊が深刻で、近い将来に完全になくなってしまうのではないかと懸念されている。

サンゴ礁は生物多様性の非常に豊かな生態系なのだが、やはり人間活動の影響で破壊が進んでいる。国連などによると、世界のサンゴ礁の七五%が環境破壊や地球温暖化によって消滅の危機にあり、地球温暖化が今のままのペースで進めば二〇五〇年には地球上のほぼすべてのサンゴ礁が失われる恐れがあるとされている。国連は、サンゴ礁は食料となる漁業資源の供給源や観光資源として地域社会を支える重要な役割を担っており、世界の約二億七千五百万人が何らかの形で恩恵を受けていると指摘。破壊が進めば、インドネシアやフィリピンなどで多くの人の生活が脅かされることにもなるという。

◆増える絶滅危惧種

生物多様性の損失を最も分かりやすい形で示すのが、生物種の減少、つまり種の絶滅の加速という問題だ。

一時地球上で繁栄していた恐竜が今ではいなくなったように、生物の絶滅は自然の中で、多分、毎日のように起こっている。だが、ここで問題になるのは狩猟による乱獲や生息地の破壊、本来は生息地ではない場所から人間が持ち込む「外来種」によって引き起こされるものなど、人間活動が原因で起こる生物の絶滅である。

外来の肉食魚で日本の生態系に多大な悪影響を与えているブラックバス（自然環境研究センター提供）

二十世紀に入ってからだけをみても、一時は空を埋め尽くすくらいたくさんいたにもかかわらず乱獲であっという間に絶滅してしまったリョコウバト、ニホンオオカミ、世界に三つしか標本の残っていない幻の鳥カンムリツクシガモ、オーストラリアのタスマニアタイガー、沖縄のリュウキュウカラスバトなど多くの生物が永久に地上から姿を消している。日本のトキやコウノトリは一時は日本から完全にいなくなり、今、人工繁殖が試みられているのは海外から導入された個体である。つい最近では、中国の長江（揚子江）だけに

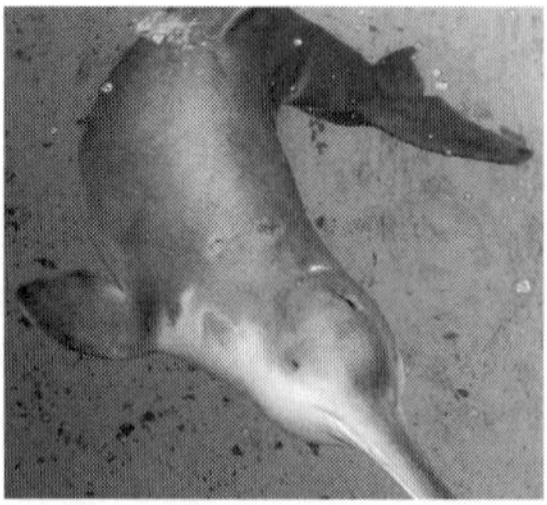

保護活動にもかかわらず絶滅してしまったことが懸念されている中国・長江の淡水イルカ、ヨウスコウカワイルカ（中国科学院提供）

すむ淡水のイルカ、ヨウスコウカワイルカが長い間確認されなくなり、絶滅してしまったのではないかと言われている。

アフリカにすむシロサイのうち、キタシロサイと呼ばれる北部の亜種は、漢方薬や装飾品に使われる角目当ての狩猟で数が急激に減り、野生の個体はコンゴ民主共和国にいる四頭だけになってしまった。ところがこの四頭の姿が二〇〇六年八月を最後に確認できなくなってしまい、絶滅してしまったと考えられている。

絶滅してしまわないまでも、個体数が減って絶滅寸前の状態にまで追い込まれてしまった生物が世界にはたくさんいる。絶滅危惧種に関する分析で最も権威があるとされるのは、世界の科学者らで組織する「国際自然保護連合（IUCN、本部・スイス）」が定期的に発行している調査の結果で、これは「レッドリスト」という形にまとめられている。

最新の二〇一一年版レッドリスト（図5-1）によると、一定のデータが揃っていて状況の評価が可能な脊椎動物三万四一八九種のうち絶滅の危機にあるとされたのは二〇％に当た

	既知種数	評価種数	絶滅危惧種数 2011.1	評価種に対する割合
哺乳類	5,494	5,494	1,134	21%
鳥　類	10,027	10,027	1,240	12%
爬虫類	9,362	3,004	664	22%
両生類	6,771	6,312	1,910	30%
魚　類	32,000	9,352	2,011	22%
小　計	63,654	34,189	6,959	20%

図5-1　2011年版レッドリストの脊椎動物の絶滅危惧種数（IUCN日本委員会の資料を改変）

る六九五九種。無脊椎動物では一万一一一二種のうちの二九％に当たる三一九九種が絶滅危惧種とされた。植物では評価した一万四一八九種のうちなんと六四％にも当たる九〇九八種という多さだった。脊椎動物の種の中ではカエルやサンショウウオなど両生類に絶滅危惧種が多く、評価した種の三割に当たる一九一〇種が絶滅の危機に瀕していると判定された。

絶滅危惧種の中には、アフリカのサイやアジアゾウ、チンパンジーやゴリラ、オランウータンなど人間にとってなじみの深い動物が非常に多い。トラは毛皮や漢方薬目当ての密猟で個体数が三千頭程度に減り、絶滅の恐れが極めて高いとされるまでになってしまった。次章で詳しく紹介するが、海の生物にも絶滅危惧種は非常に多く、中にはマグロやサメ、ヨーロッパウナギなど、漁業の対象になっている種も多い。

中には保護が効果を示して絶滅の恐れを脱したとされる生物種もあるが、これは例外的な成功例で、生物の調査が進めば進むほど、絶滅危惧種の数は増えて行く傾向にある。

日本の動植物に関する環境省の調査では、日本の哺乳類の二四%、鳥類の一三・一%、爬《は》虫《ちゅう》類の三一・六%、両生類の三二・九%、汽水や淡水魚類の二五・三%、陸産・淡水産貝類の二五・一%が絶滅のおそれのある種となっており、いずれも比率はかなり高い。植物でも、維管束植物（種子植物、裸子植物、シダ植物）の二三・八%に絶滅のおそれがあるとされている。日本の場合、カエルやメダカ、植物ではサクラソウやフジバカマなど昔から身の回りに広く分布していた生物までもが絶滅危惧種とされるようになってしまった。

◆六回目の大絶滅時代

地球の長い歴史の中で生物は進化と分化をし、生物種の数は基本的には増える傾向にある。地球上の生物の種類が急激に増えたのが、カンブリア紀と呼ばれる約五億年前のことで、生物種の「ビッグバン」と呼ばれることもある。だが、その後生物の歴史の中では、過去五回、生物種の数が急激に減少する「大絶滅の時代」があったことが化石の分析などから分かっている。「最近」のものは、今から約六千五百万年前、白亜紀末期のことで、海にいたアンモナイトや陸上で隆盛を極めていた恐竜がわずかの間に絶滅した時期にあたる。過去最大の生物絶滅は今から二億四千五百万年前、古生代のペルム紀末、中生代の三畳紀との境界に当たる時期に発生した。この時には海の生物種の九五％が絶滅したと考えられている。

現在確認されている種の絶滅は、ほんの氷山の一角である。多様な生物が生息している熱帯林が減少する速度からすると、一年間に一千万種のうち二万七千種が絶滅していると推定されるとの研究結果が報告されている。現代は地球の歴史の中で六回目の生物の大絶滅時代だと言えるのだ。

六回目の大絶滅時代は、過去の五回と多くの点で異なる。一つは生物が絶滅する速度が非常に速いということだ。化石の分析などから推定された自然界での生物絶滅の速度は百万種に対して一年間に一種というペースだ。多くの研究は、現在の生物絶滅の速度は自然に起こる生物絶滅の速度の百〜千倍で、その速度はどんどん速くなっていると指摘している。今回の大絶滅が、ほとんどが人間活動が原因で起こっているという点も過去と大きく異なる。自然に起こる絶滅は止めることはできなかった。だが、今回の大絶滅は人間の行動パターンが違っていれば起こることはなかった。逆に言えば、人間が行動を改めれば、絶滅を食い止めることができるかもしれないということになる。

過去の大絶滅の後では、恐竜が減った後で哺乳類が栄えるようになったように、ある種の生物がいなくなったことで、他の生物が生息地を広げることができるようになり、その後比較的短時間のうちに種の数は増加に転じている。

だが、今回の大絶滅の場合は、速度が速いために生物が変化について行けない可能性がある。しかも、新たな生物が生まれる「ゆりかご」となるような湿地や熱帯林、浅い海などの場所は、人間の開発行為によって破壊され、汚染されている。大絶滅からの復活につながる生物進化の力も、人間が奪っている可能性が高い。今この地球上で起こっている「第六の大絶滅」は、過去の五回とは質的に大きく異なり、地球の生態系にとって取り返しがつかないものとなる可能性が否定できない。

現在のペースで熱帯林やサンゴ礁、湿地などが破壊されたら、生物種の絶滅や生物多様性の損失は今後も急速に進むことが心配されている。しかも、今世紀半ばくらいには、地球温暖化の進行が生物種の絶滅に拍車を掛けることになることも懸念されている。このままでは、地球の長い歴史の中で例がないほど生物多様性の減少が著しい、傷ついた地球を次世代に引き渡すことになってしまうのである。

◆生きている地球指数

ここで、生物多様性の問題を考える上で、興味深い研究成果を紹介しよう。第1章のエコロジカル・フットプリントのところで紹介した環境保護団体のＷＷＦによる「生きている地球レポート」の中で行われている「生きている地球指数（ＬＰＩ）」に関する研究だ。ＬＰＩは、地球の生態系の許容力であるバイオキャパシティの概念につながるもので、世界各地に生息する一六八六種類の脊椎動物の計五千個近くの個体群の中での生物の数の変化を元に算定し、一九七〇年レベルの個体数を一とした相対的な数値で示される。ＷＷＦは「株価指数が特定の株の値動きを、小売価格指数が小麦などの価格の変化を示すのと同じように、生きている地球指数は、全地球の生物多様性の状態とその動向を示すものだ」としている。

図5-2は世界全体のＬＰＩの変化を示している。一九七〇年以降、しばらくの間ＬＰＩは上昇傾向にある。この間、地球の生物の数は増加傾向にあり、生物多様性は豊かになっていたのだ。だが、一九八五年ごろから減少に転じ、以降、一貫して減り続けている。八五年というと、ちょうど人間のエコロジカル・フットプリントが、地球のバイオキャパシティを上回り始めた時期だ。

熱帯と温帯のＬＰＩを合計した全世界の指数は、一九七〇年から二〇〇五年の間に全体と

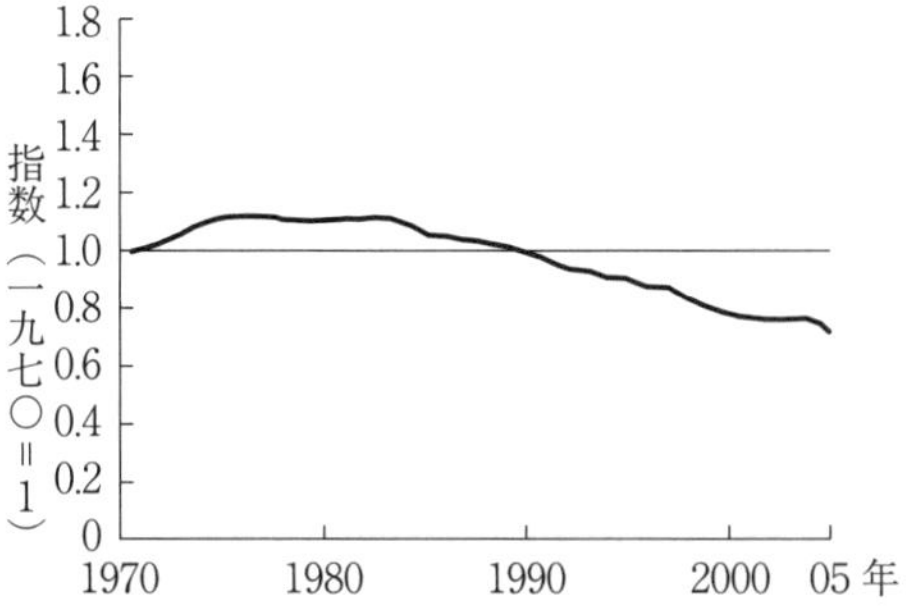

図5-2　生態系の健全度を示す「生きている地球指数」の変化（『生きている地球レポート』（WWF、2008年より）

して約三〇％も下落したことが分かる。この間、温帯はほとんど変化がなかったのに対し、熱帯は約五〇％の下落と低下が著しい。熱帯林の破壊など、熱帯域の自然破壊と生物多様性の減少がいかに激しいものであるかをこの結果は示している。どこかの大企業の株価がこんなに下落したら話題になるだろう。LPIを、陸域、海洋、淡水の三種に分けて見ると、この間の下落率は淡水域で三五％と最も大きいとの結果も得られた。

◆生態系サービス

生物多様性の大切さを考える時に重要な概念として近年注目されているものに「生態系サービス」というものがある。ここで言う「サービス」とは経済学の言葉で、経済行為によって作り出される「財とサービス」という際のサービスに当たる。

生態系はさまざまな機能を持ち、人間に経済学的な「サービス」を提供してくれている、というのが「生態系サービス」の考え方だ。

たとえば森林は、二酸化炭素の吸収と気候の安定化、水資源の保持と涵養《かんよう》のほか、木材やキノコ、果物などの非木材林産品を育むという重要なサービスを提供してくれるし、レクリエーションや観光の場としても重要である。湿地の場合には汚染物質の処理、漁業資源の涵養などが挙げられるし、マングローブの林は、漁業資源の涵養や高潮や津波など自然災害の軽減という生態系サービスがある。

カラスやゴキブリ、ハゲタカなどは、廃棄物を処理して環境をきれいにしてくれるし、ミツバチが提供する授粉という生態系サービスも非常に大きい。蚊などの小さな昆虫を食べるコウモリやトンボ、鳥は害虫や病気を媒介する昆虫の個体数をコントロールするという生態系サービスを担っている。と、少し考えただけでも、地球の生物多様性が提供する生態系サービスは数限りなく、その利得は非常に大きい。

◆自然は資産

「生態系サービス」などと言うと難しく聞こえるが、これらは昔からわれわれが「自然の恵み」と呼んできたものである。自然はこれらの大きな恵みを、ほぼ無料で人類に提供してくれていたのである。これは、自然や生態系、生物多様性を、人類に経済的な利益をもたらす「自然資本」「自然資産」として評価し直そう、との考えにつながる。もちろんこの手法は、生態系や生物多様性というものを人間中心的にとらえたものだが、こうした生態系サービスを考え、それを経済的な価値に換算して示そうという点には大きな意義がある。

ミツバチを単なる虫とみたら保護する価値はあまり感じないが、それが提供する生態系サービスの額がいかに大きいかを知れば、ミツバチを守ろうという気持ちになる。森林も単なる木材の供給源としてだけ考えたら、木を切り出して売ることでしか価値を見いだせないが、二酸化炭素の吸収や水資源の保護などの生態系サービスを考えれば、木を切って売るよりも、森を残しておいた方が価値がある、と考えられるかもしれない。沿岸の湿地も生態系サービスを考えなければほとんど意味のない土地に見えるが、汚染物質の除去という生態系サービスを経済的な価値に換算し、例えばその機能を人工的な下水処理場を建設して行うとしたら、どれだけのコストがかかるかなどと考えれば、一見価値のない湿地を残しておくことは経済的に大きな意味がある。逆に、それを考えないで湿地を埋め立ててしまったら、汚染物質の処理や漁業資源の涵養などの多額の生態系サービスが失われることになると考えることもできる。国や地域に観光収入をもたらすルワンダのゴリラ一頭の生態系サービスも、巨額のものだと言えるだろう。

ここ数年、「世界のサンゴ礁の生態系サービスの金額は年間三百億ドル」「アマゾンの森林の価値は一ヘクタール当たり千ドルを超える」といった試算結果が各国の研究者によって次々と示されている。

だが、これまでの経済の中では、このような価値は省みられることはなく、ほとんど無視されてきた。その結果、湿地の多くが埋め立てられ、森林は破壊されてきた。

このことが意味するところは、これまで多くの人が自然資産の価値をきちんと評価することなく、破壊してきたということである。

貴重な生態系サービスの源泉であった自然資本を無駄遣いによって破壊した今の親の世代の行動によって、自然が提供してくれるサービスの価値は大きく損なわれてしまった。湿地の汚染浄化能力が失われれば、下水処理場を建てる必要が生じるかもしれない。ミツバチがいなくなって授粉が思うようにできなければ、何万ドルもの損害が農家に生じるかもしれない。生態系サービスの減少という対価を、次世代が払わされようとしているのである。

環境負債が積み重なるのも当然であろう。

97　第5章　失われる自然の恵み——生物多様性の減少

コラム5 利益の配分

消失が著しい生物多様性を国際協力で守ろうと一九九二年に採択されたのが「生物多様性条約」だ。その主要な目的の一つが、生物多様性、あるいは生物資源の利用によって得られる利益を公平に配分する仕組みを作ることだ。

医薬品や化学物質などには生物が作る物質などを手掛かりに開発されるものが多いことを紹介した。時には企業に多大な利益をもたらすことがある動植物を「生物資源」「遺伝資源」と呼ぶこともある。だが、多くの場合、得られる利益は製品を開発した企業のものとなり、開発のヒントや原材料を提供した生物多様性の原産国に利益が還元させることはほとんどない。生物多様性が豊かな発展途上国は「自分たちが持つ生物資源をもとにして得られた利益の一部は原産国に還元されるべきだ。それが自国で多様性を守ろうという動機付けになる」と主張し、利益の公平な配分に関する国際協定を採択するよう求めてきた。

二〇一〇年に名古屋市で開かれた同条約の第十回締約国会議では、長い交渉の末、多様性の利用から得られる利益の公平な配分のための国際協定に各国が合意し、「名古屋議定書」と名付けられた。

第6章　マグロやウナギが食べられなくなる？——漁業資源の「コモンズの悲劇」

「マグロやサメ、タラなどの大型の魚の数が漁業によって九〇％も減ってしまった」——二〇〇三年五月、カナダ・ダルハウジー大学のランサム・メイヤーズ博士（故人）らの研究グループが、英国の科学誌「ネイチャー」に発表した、世界の漁業資源が置かれた深刻な状況を指摘するこんな研究報告が、各国の研究者やメディアの大きな注目を集めた。グループは、一九五〇年から二〇〇〇年までの間、世界の主要な漁場での、はえ縄漁などのデータを集め、百個の釣り針にかかった魚の数の変化を調べた。

◆漁獲量は九〇％も減少

太平洋、大西洋、インド洋のほか、四か所の大陸棚での漁獲量に関するデータを集め、各海域で大規模な漁業活動が始まった直後から、釣り針百個にかかった魚の数の推移を調べたところ、いずれの海域でも、マグロやサメ、タラやヒラメ、オヒョウなどほとんどの魚種で、漁業活動が盛んになった直後の十〜十五年程度のうちに、ほぼ八〇％減少し、その後も緩やかながら減少傾向が続き、二〇〇〇年ごろには漁業が始まる前の九〇％近くにまで減っているとの結果が得られた。メイヤーズ博士は「マグロやカジキマグロなど大型の魚が次々といなくなったことが、海の生態系に計り知れない影響を与えたことは明らかだ。海洋資源回復のためには現在の漁獲量を大幅に減らすことが必要だ」と指摘。「この五十年間で漁業技術は進歩し、漁船の能力も格段に進んだのだから、実際の減少率はもっと大きいかもしれない」と警告した。

極端に数が減り、絶滅が心配されるシュモクザメ（米海洋大気局提供）

同じ研究グループは、これより前の二〇〇三年一月にも、ホオジロザメやシュモクザメなど、大西洋にすむ多くの種類のサメの個体数が過去八〜十五年の間に急減しているとの調査結果を米国の科学誌「サイエンス」に発表している。シュモクザメやホオジロザメ、ヨシキリザメなど十四種のサメについて、大西洋北西部での漁業データなどから個体数の変化を解析。アオザメを除く十三種が五〇％以上減少していることを突き止めた。中でも金づちのような形をした頭部で知られるシュモクザメは一九八六年以降、ほぼ九〇％も減少し、絶滅が心配されるまでになり、映画「ジョーズ」の主役となったホオジロザメも八六年から八〇％近く減っていた。沿岸性のサメはヒレ目当ての乱獲、シュモクザメなど外洋に多いサメの場合ははえ縄漁による混獲が、個体数減少の主な要因だという。

海にはたくさんの魚がいて、毎年大量の卵を産む。人間が魚を捕ったからといって、数が減ることなどないだろう。少し前までは多くの人がそう考えていたはずだ。だが、今や多くの海で魚はどんどん捕れなくなり、中には絶滅が心配される種までできた。多くの研究者が指摘するのは「乱獲」、つまり魚の捕りすぎだ。

◆乱獲による頭打ち

図6-1は国連食糧農業機関（FAO）による魚の漁獲量の推移を示したものだ。天然の魚はここ十年ほどの間、九千万トン弱で頭打ちである。人口は増え、一部の発展途上国での生活レベルの向上と先進国での健康食ブームの影響で、シーフードに対する需要は増加傾向にあるのだが、最も重要な天然物の魚の漁獲量を増やすことはできていない。需要に応えているのは養殖業で、これが急激に伸びている。

捕れている魚の種類に注目すると、世界の漁業が直面する深刻な状況が見えてくる。F

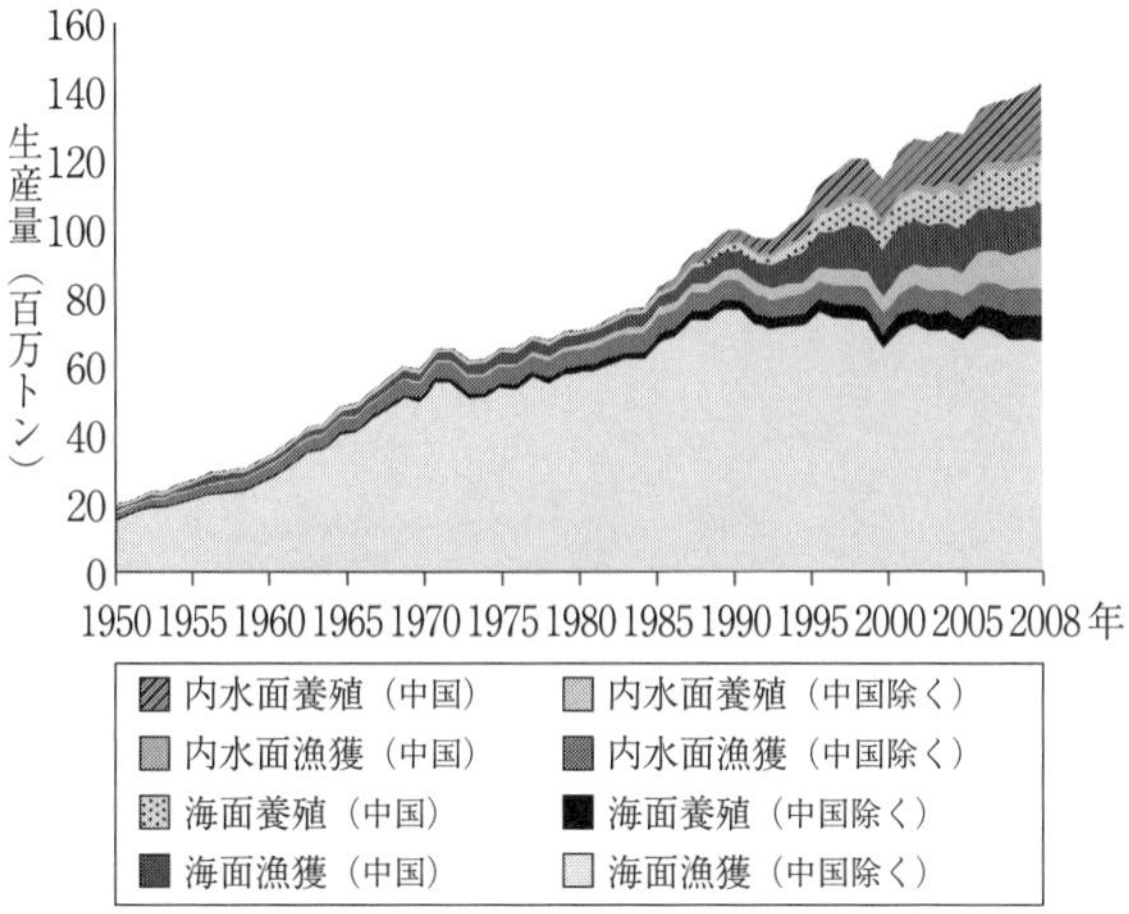

図6-1　世界の漁獲量の変化（国連食糧農業機関〈FAO〉2008年版漁業養殖白書より）

AOの「世界漁業養殖業白書」によると、世界の主要な漁業資源約六百種のうち五三%が、これ以上漁獲量を増やすことができないギリギリのレベルまで漁獲されている資源である。限界を越えて捕られている、つまり乱獲の状態にあるか、既に枯渇してしまった資源は、一九七四年には一〇%に過ぎなかったが、二〇〇八年は三二%にまで増加。逆に漁獲量を増やす余地がある資源は、四〇%から一五%に減っていた。図6-2を見ると、漁獲量を増やせる資源が減って、捕りすぎ状態の資源が増えていることがよく分かる。しかも、乱獲状態、あるいは枯渇状態にあるとされた魚のなかには、ミナミマグロやクロマグロ、メバチマ

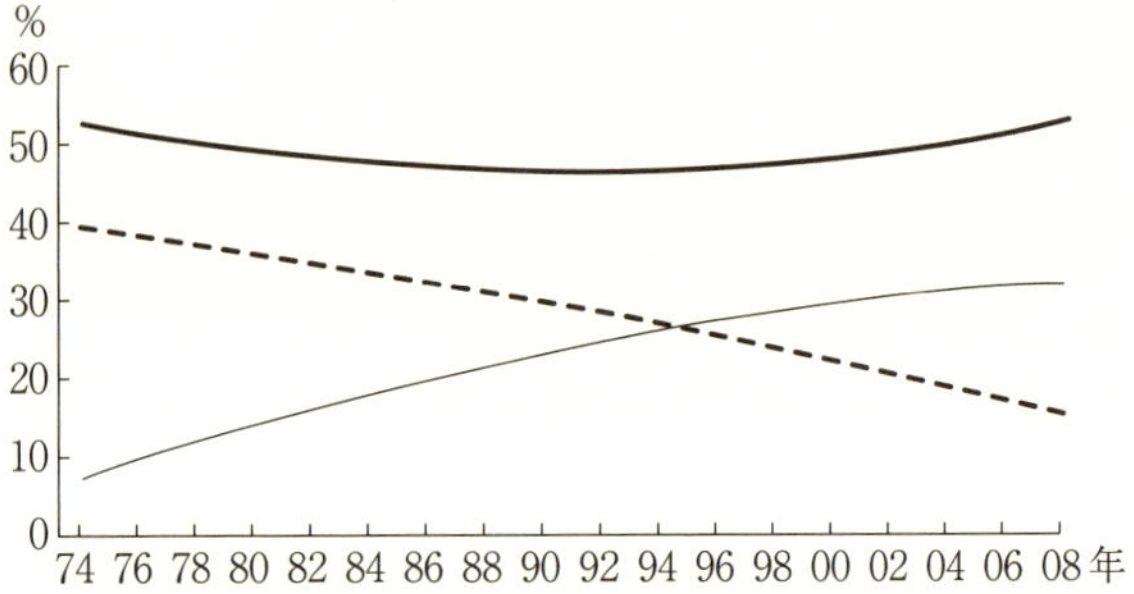

図6-2　漁業資源の中で、ギリギリまで漁獲されているもの（太い実線）、増やす余地があるもの（点線）、乱獲または枯渇状態にあるもの（細い実線）の比率の変化。乱獲された魚種が増え、余裕がある資源が減っていることが分かる（FAO2008年版漁業養殖白書を改変）

グロ、タラやサケ、エビの一種など日本人が大量に食べている種類が多く含まれている。過去何十年かにわたって人々は、これらの魚を捕りすぎ、食べ過ぎてきてしまったということになる。本当に九〇％まで減っているかどうかはともかくとして、メイヤーズ博士の指摘は正しいものだったといえる。

◆食物連鎖のトップにいる魚からいなくなる

漁業資源の減少は日本近海でも深刻で、かつては大量に捕れていたマイワシやサバ、スケトウダラなどで減少が著しい。太平洋のサバはピーク時の一九七八年には百四十七万トンも捕れていたのだが、乱獲で漁獲量が急減し一時は二万トンにまでなってしまった。最近、若干増えて十二万トン程度の漁獲があるが、かつてには及ばない。

日本海のカレイも今の漁獲量はピーク時の半分しかないし、肉はかまぼこの材料になり、卵は「タラコ」として日本人に人気のスケトウダラも、場所によっては漁獲量がピーク時の十分の一になってしまったものもある。

漁業資源の厳しい現状を示すデータをもう一つ紹介しよう。カナダ・ブリティッシュコロンビア大学の著名な漁業資源学者、ダニエル・ポーリー教授らが、一九九八年に「サイエンス」誌に発表した研究成果だ。

ポーリー教授らは、世界のどこで、どれだけの魚が捕られているかに関する総合的なデータベースを開発。このデータを使って、世界の海の生物の食物連鎖の状態を調べた。

サメやマグロのように海の食物連鎖のトップにいる魚には五点、その次に大きい魚には四点、中くらいの魚には三点、といった具合に、食物連鎖のピラミッドの中での段階に応じて点数を与え、その平均点を算出した。「栄養段階指数」と呼ばれるこの数字が高い大きな魚がたくさんいれば、平均点は高く、小さい魚ばかりになってしまえば、平均点は低くなる。

図6-3がその結果である。上が海の魚のデータ、下が「内水面」と呼ばれる川や湖の魚のデータである。

これを見ると、海の魚の平均点は一九五〇年から減少傾向が続いていることが分かる。内水面の方は一九八〇年ごろまでは安定していたが、やはりその後、平均点は悪くなっている。つまり海でも湖でも、食物連鎖のトップにいるような大型の魚の数が年々少なくなり、小さい魚、食物連鎖の下にいる魚が増えていることを意味する。大きな魚を人間が捕りすぎて少

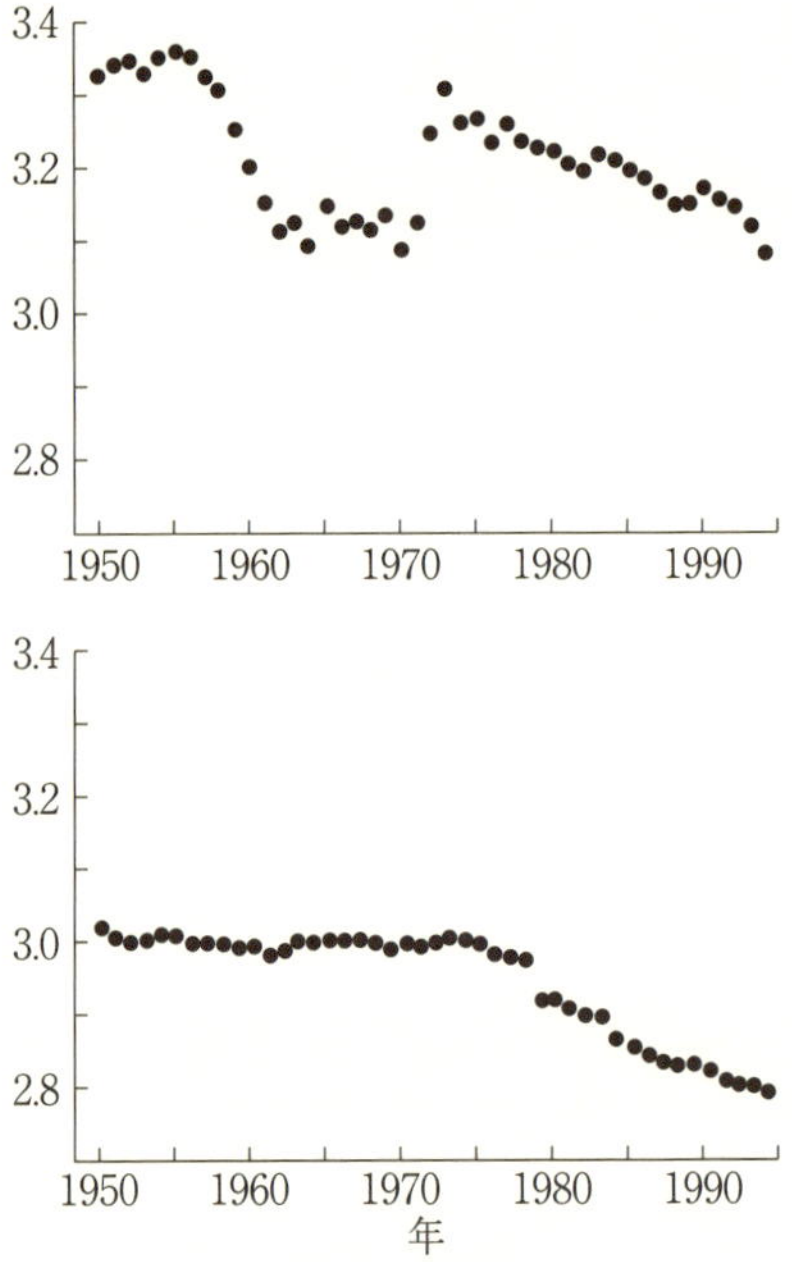

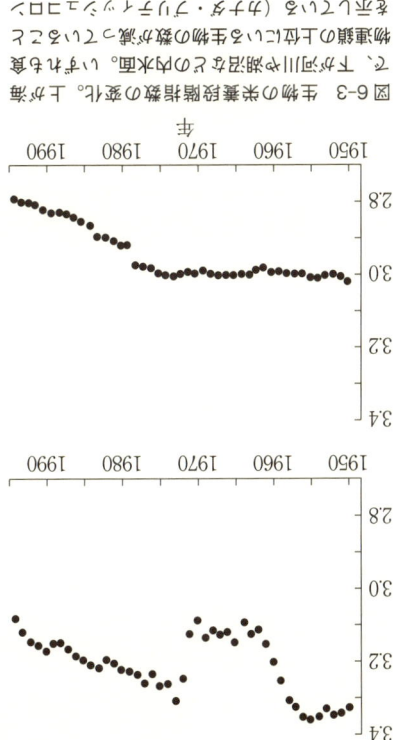

図6-3　生物の栄養段階指数の変化。上が海で、下が河川や湖沼などの内水面。いずれも食物連鎖の上位にいる生物の数が減っていることを示している（カナダ・ブリティッシュコロンビア大学、ダニエル・ポーリー教授らによる）

なくなったらその次に大きい魚、それも捕りすぎて少なくなってしまったら、その次に大きい魚……と、食物連鎖の上位にいるような魚ばかりを大量に捕っているうちに、海からはどんどん上位の魚がいなくなっている、という訳だ。

生態系のトップにいる大型の魚は、もともと数が少ない上、成長するまでに時間がかかるため、乱獲の影響を受けやすい。乱獲によって数が減ると、漁業者は少しでも利益を得ようとして、産卵能力を身に着ける前の小さな若い魚でもいいから捕って、それを売ろうとする。大きくなって産卵をするようになるまで待っていれば、魚の価格も上がるし、資源にとってもいいのだが、それが我慢できないために、ついつい若い魚まで乱獲してしまう。そうすると卵を産んで増える魚が減るので、資源はさらに悪化する。それでも漁業者は、魚を捕って利益を得ようとするので、さらに小さい魚にまで手を出すことになる。専門的には「加入乱獲」といわれるこの種の悪循環が続くと、魚の数はあっという間に少なくなってしまう。日本で高い値段で売れるために大量に漁獲されているクロマグロは、この典型的な例だと言われている。

◆下位の生物は大発生

2009年10月、日本海に大量発生し、定置網に入り込んだエチゼンクラゲ＝福井県越前町沖

乱獲の影響は、漁業の対象となった種の数を減らすだけではとどまらない。一般に生態系のトップにいる大型の生物である「捕食者」がいなくなると、その生態系には大きな変化が生じることが知られている。米国のイエローストーン国立公園ではオオカミが絶滅して以来、シカなどオオカミに食べられていた動物の数が急増し、固有の植物の食害が深刻化してしまった。日本でシカが増え、食害が増えているのもニホンオオカミが絶滅した影響が大きいと指摘する人もいる。

「大型の捕食者を人間が捕りすぎることが、海の生態系と生物多様性に多大な悪影響を与えている」とポーリー教授は指摘する。その結果起こることの一つが、クラゲなど食物連鎖の下位にいる生物の大発生だ。クラゲの大発生は日本周辺でも一時深刻だったが、他の海域でも近年頻繁に起こっている。これは幼生の段階でクラゲを食べる捕食者の魚がいなくなったためであるとみる研究者が多い。

「今の漁業資源は危機的な状況にある」と言うポーリー教授は「このままではそのうち、食べられるシーフードは食物連鎖の下にいるクラゲだけになってしまうだろう」と半分、冗談めかして警告していた。だが、日本近海に大量に押し寄せ、漁網いっぱいになるエチゼンクラゲの姿などを見ていると、これも決して冗談ではない、という気持ちになってくる。

◆マグロの急減

生態系のトップにいる海の魚で減少が特に著しいのがマグロの仲間である。高級トロが取れるクロマグロやミナミマグロ、刺身として人気のメバチマグロは日本で大量に消費されているし、それ以外のビンナガマグロ、キハダマグロなどは欧米の健康ブームで缶詰向けの消費が急増している。図6-4を見るとカツオを含む世界のマグロ類の漁獲量がここ数十年の間にいかに多くなったかが分かるだろう。

中でも特に深刻なのは大西洋のクロマグロと南半球にすむミナミマグロだ。大西洋西部のクロマグロの産卵能力のある親魚の量は一九七〇年の五分の一に減り、漁獲量も急減してし

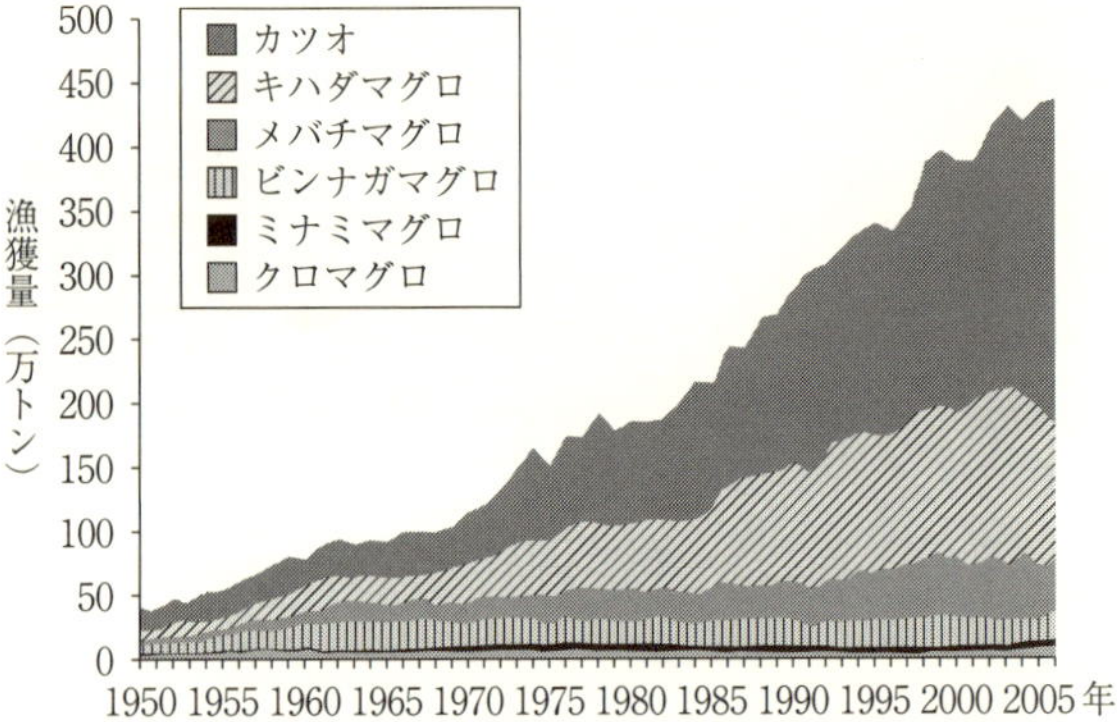

図 6-4　世界のマグロ・カツオ類の漁獲量の推移（水産庁による）

まった。東部と地中海の資源量はまだ比較的多いとされてきたのだが、親魚の量が特に今世紀に入ってから激減している。これらのデータを根拠に、二〇〇九年のワシントン条約の締約国会議にモナコが大西洋クロマグロの国際取引の禁止を提案し、大きな話題になった。結局、提案は否決されたのだが、大量に漁獲されてきたクロマグロは、今や絶滅が心配されるまでに減ってしまったことは事実である。ミナミマグロの減少はさらに深刻で、親魚の量は漁業が始まる前から九五%も減ってしまった。まさにメイヤーズ博士の指摘通りである。

メバチマグロは、クロマグロやミナミマグロよりは小型で、数も多い。刺身にしてもおいしいので、「普及品」のマグロとして日本の漁船も大量に漁獲、世界で最も多く食べられている刺身向けマグロである。メ

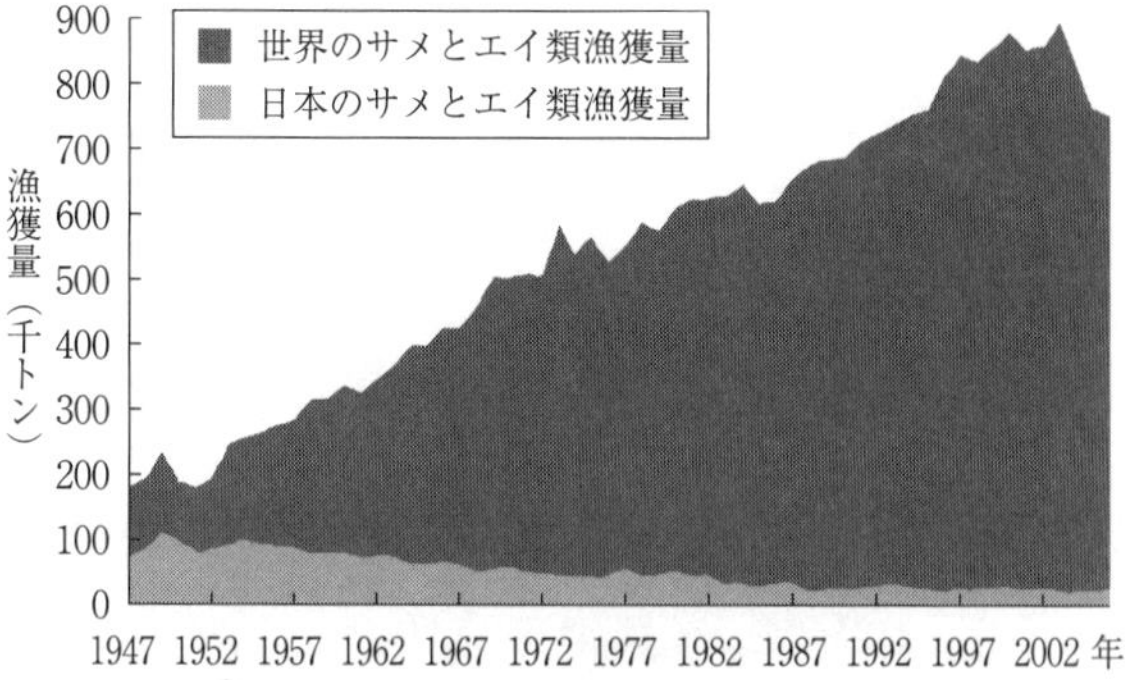

図6-5　世界のサメとエイの漁獲量の推移（水産庁による）

バチマグロは世界の海に広く分布するのだが、こちらも海域によっては乱獲でかなり減ってしまっている。東部太平洋のメバチマグロの産卵能力がある親魚が減少し、資源を維持できるギリギリのレベルか、年によってはこれより少なくなるケースもあり、漁獲量の削減が急務になっている。メバチマグロは大西洋でも漁獲量の減少が目立っている。

フカヒレが高級食材になるサメの仲間も状況は似ている。図6-5が示すように漁獲量はマグロ同様、すごい勢いで伸びている。一九九〇年から二〇〇八年までのデータをみるとアジアの国々がサメ類の漁獲量を増やしている。インドネシアが七〜十二万トン、インドが五〜十三万トン、台湾が四〜八万トン、パキスタンが二〜五万トンといった具合で、多くが急速に経済成長している中国のグルメ市場が目当てだ。サメはマグロに比べて成長して産卵ができるまでの時間が長く、一度に産む卵の数も圧倒的に少ないため、乱獲の影響を受けやすい。このため、多くの種類で絶滅が心配されるまでになってしまっている。

◆絶滅の懸念高まる

絶滅の恐れのある生物種のリストを定期的に公表している国際自然保護連合（IUCN）は、二〇一一年七月「世界の多くのマグロやカジキが絶滅の危機に瀕しており、保護対策を強化する必要がある」と発表した。IUCNによると、最新の資源評価では、ミナミマグロは「近い将来に絶滅する恐れが極めて高い」種とされ、大西洋のクロマグロは「近い将来に絶滅の恐れが高い」種とされた。メバチマグロは「絶滅の危険が高まっている」とされた。このほかカジキや大型のサメの中にも絶滅の恐れが高いとされた種が多数あり、IUCNの研究グループは「市場で高く売れることと、寿命が長く、産卵能力を身に着けるまでに長い年月がか

漁獲され天日に干される大量のフカヒレ。乱獲によって多くのサメの個体数が急減している

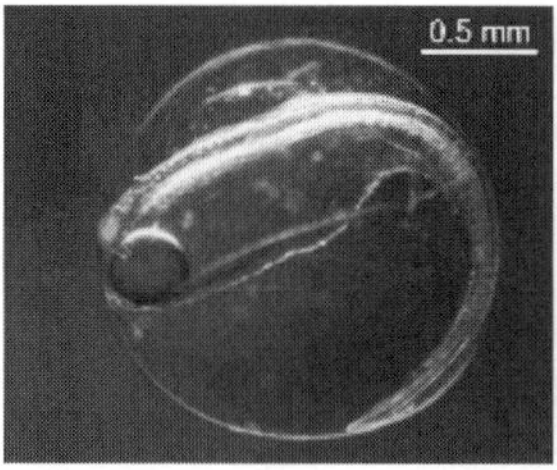

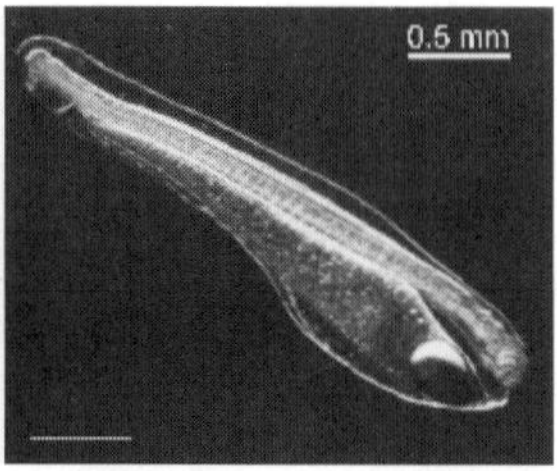

世界で初めて確認されたニホンウナギの卵(左)と、ふ化直後の仔魚(右)(東京大学提供)

かるという二つの理由が、マグロなどの生息状況を悪化させる理由になっている」と指摘した。

日本は刺身向けの高級マグロの七〇～八〇%を消費している。絶滅が心配されるまでになった大西洋のクロマグロのほとんどは日本に輸出されるし、南半球で捕れるミナミマグロは九〇%が日本で消費されている。世界最大のマグロ消費国である日本には、その乱獲に大きな責任がある。資源の減少は多くのマグロで深刻化しているのだから、資源保護に対しても大きな責任を持っていることを忘れてはいけない。

◆ウナギが危ない

クロマグロが海の生態系のトップにいる魚ならば、日本の川の生態系のトップにいる魚がウナギである。海流に乗ってやってきたシラスウナギという体長五センチほどの透明な体をしたウナギの稚魚は、河川を遡上してすみかを見つけると、そこで

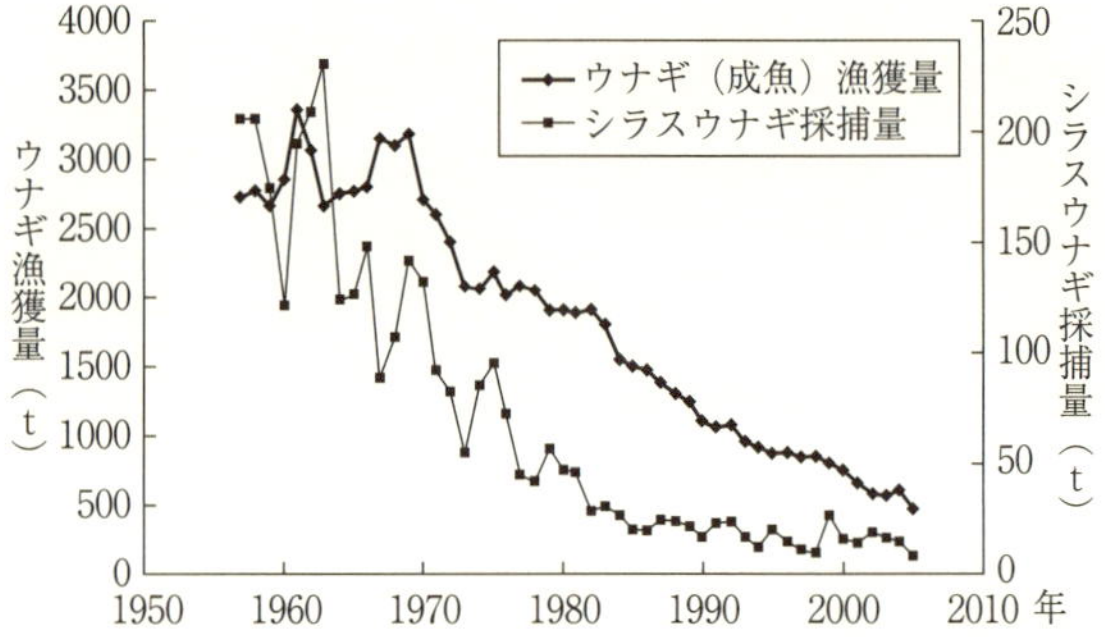

図6-6　日本の親ウナギとシラスウナギ（稚魚）の漁獲量の推移（WWF ジャパンによる）

何年もかけて大きくなる。繁殖期になると再び川を下って海に出て、はるかかなた、グアム島近くの深海にまで旅をし、そこで産卵して一生を終えるという不思議な生態を持つのがニホンウナギなのだが、中には海に帰ることを忘れて、川で一生を過ごすものもいる。大きくなったウナギの天敵は少ない。鳥に食べられることもあるようだが、鵜が飲み込もうとして難儀をするから「うなんぎ」といったのがウナギの語源だとの説もあるほどだ。

ところが日本の河川から既に天然ウナギはほとんどいなくなってしまった。ウナギの漁獲量は図6-6のように急減している。天然ウナギのかば焼きは都内では一人前七千円前後、場合によっては一万円という贅沢品になってしまい、日本人が食べるウナギの九九・七%は「養殖もの」である。養殖もの、といってもウ

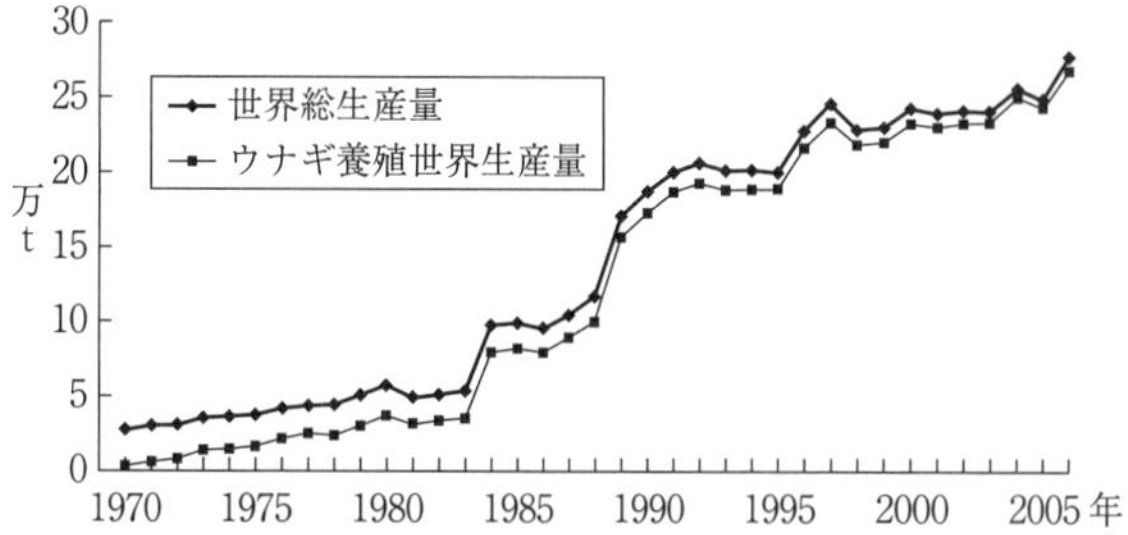

図6-7　世界のウナギの生産量の推移（WWFジャパンによる）

ナギは人工繁殖技術が商業化されていないため、実は「蓄養もの」だというのが正しい。蓄養とは、天然の稚魚や若い魚を捕ってきて生け簀《す》で大きくなるまで育てて出荷する手法を言う。日本人が食べている養殖ウナギはすべて、日本の河川に遡上しようとしてやってきた稚魚（シラスウナギ）を捕獲して大きく育てているものなので、一〇〇%自然の資源に依存しているのである。一方で、図6-7から分かるように、資源は減っているのにウナギの生産量は一九九〇年以降、急増している。

ウナギの大きな問題は、このシラスウナギの資源レベルが急速に悪化していることだ。これは日本だけの問題ではなく、近縁種のヨーロッパウナギやアメリカウナギにも共通している。乱獲が要因だとの見方がもっぱらだ。ヨーロッパウナギは極度に数が減り、絶滅の恐れがある野生生物種の国際取引を規制するワシントン条約の規制対象種とされるまでになってしまった。欧州では漁獲や取引が厳しく規制されているが、資源復活の兆しはみられず、絶滅の懸念が高まっている。

ヨーロッパウナギは一九九〇〜二〇〇〇年ごろ欧州で大量に捕獲され、中国大陸で養殖された末、ほとんどが日本の市場に運ばれた。この需要の急増が、ただでさえ数が減っていたヨーロッパウナギを絶滅の淵に追い込んだとされているので、日本人にも大きな責任があると言える。

だれでも簡単に網ですくうことができ、捕れれば非常に高価で売れるため、シラスウナギ漁は日本各地で行われている。資源が減少しているにもかかわらず、まともな資源管理はほとんど行われていないのが実情で、シラスウナギは極度の不漁が続いていて、価格も高騰。ウナギのかば焼きの値段も高くなりつつある。

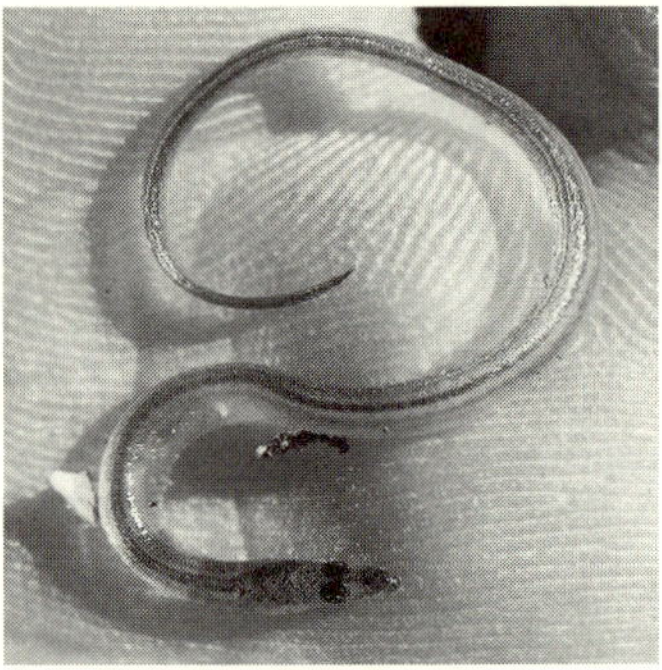

ここ数年、極度の不漁が続くウナギの稚魚、シラスウナギ

親ウナギもいなくなり、回遊してくる稚魚のシラスウナギも捕れなくなっているので、関係者の中には「このままでは子や孫の代にはウナギは食べられなくなってしまう」と言う人までいる。

◆日本が魚を食い尽くす

漁業資源の危機を解決するために、サケやタラ、マグロといった食物連鎖のトップにいる「捕食者」の魚を大量に食べることをやめ、イワシやアンチョビー（カタクチイワシ）のような食物連鎖の下位にいる魚を食べるようにするべきだ、というのがポーリー教授の提言である。

ウナギ料理は欧州にもあるのだが、日本は、世界のウナギの七〇％を食べている最大のウナギ消費国であり、最大のマグロ消費国でもある。どうやら日本人は、海の生態系のトップにいる魚と川のトップにいる魚の両方を食べ過ぎているようだ。

欧州で売られているウナギ料理の缶詰など

そもそも漁業資源は、自然の力で増える再生可能な資源である。放っておいても増えた分の一部だけ、つまり、元本に手をつけずに利子の範囲内で魚を食べていれば、資源は枯渇することはない。人工繁殖や放流などで人間がちょっと手を貸してやれば、再生率はさらに高めることもできる。

にもかかわらず、こんなに各地で漁業資源が減っているのは、自然に再生する範囲を大きく越えて、人間が魚を捕っているからである。これも貯まり続ける「環境負債」の一面だ。今の大人の世代は、利子だけでは我慢できずに元本にまで手をつけてしまった。つまり、子供や孫の分までマグロやウナギなどを食べてしまっているということだ。

主要な漁業国の一員として、シーフードの大消費国の市民として、日本人は漁業資源の保全に大きな責任をもっているのだから、いつまでも今のようなことを続けている訳にはいかない。

◆コモンズの悲劇

世界各国で漁業資源の減少は著しいのだが、対策は遅れている。各国の領海内ならともかく、船さえあればだれでも自由に魚が捕れる公海で魚を捕る量を管理することは非常に難しい。海は広大だし、そもそも誰も漁獲を規制する権限を持っていない。

公海の漁業のようにだれでも自由に参入できる共通の資源は、だれもが自分が得られる利益を大きくしようと思うので、だめになってしまいやすい。たとえ、魚を捕りすぎているから捕る量を減らしても、隣の漁師が捕ってしまっては意味がないのだから、どうせなら自分が捕った方がいい、と多くの人が考えるからである。

ギャレット・ハーディンという米国の生態学者は、このような状況を、誰もが羊を放牧することができる牧草地の例などをあげ、「コモンズ（共有地）の悲劇」と呼んだ。だれもが参入できて、そこの自分の利益を最大にしようと考える公海の漁業で起こっている漁業資源の減少は、まさに「コモンズの悲劇」の典型例である。

関係国は、「地域漁業資源管理機関」という国際機関を組織して、国際的な交渉の中で漁獲量を減らす約束をしようとしているのだが、各国の利害が対立して、なかなか思い切った削減には合意できない。

◆各国の言い分

かつては先進国だけが中心だった大規模な漁業に、近年国力をつけてきた発展途上国が参入してきたことが、状況をさらに複雑化させている。「資源管理のために漁獲量を減らすべきだ」との先進国の主張に対して、途上国は「漁業資源を減らしたのは先進国の責任だ。われわれが魚を捕れるようになったとたんに、漁獲量の削減を持ち出すのは受け入れられない。

漁獲量削減は大量に魚を捕っている先進国がやればいい」と反発する。温暖化防止のための二酸化炭素の排出量削減交渉とそっくりの議論が繰り広げられることになる。

たとえ約束ができたとしても、広大な海での漁業活動を監視する警察のような機関があるわけではないので、約束を守らずに魚を捕る漁業者が跡を絶たない。「違法、無規制、無報告」の英語の頭文字を取って「IUU漁業」と呼ばれる密漁行為が横行し、これが違反者に莫大な利益をもたらしている。国際的な漁業資源の管理が進まず、資源の減少が続いているのはこれが理由だ。

各国の主権が及ぶ領海内でも関係者の利害の調整は難しく、漁獲量の削減はなかなか進まない。地域の漁協などは大きな政治力を持っているので、政治家も官僚も及び腰だ。日本を含めた多くの国で、逆に漁船を建設したり、改修したりするための補助金が支出され、多くの漁業者が、どんどん少なくなる魚を先を争って捕ろうとするという状況が続いている。国連食糧農業機関（FAO）によると、現在の世界の漁船の漁獲力は資源に対して適正なレベルより一・五から二倍も多いとされ、漁船の減船も大きな課題になっているのだが、これもそう簡単には進まない。

◆子孫に魚を

重要なことは魚が、いつ、どこで、どのようにして捕られたものであるかを明確にする「トレーサビリティ」を確立し、水際で違法品をチェックすることだ。畜産農家が育てる牛などはトレーサビリティが確立されつつあるが、海の魚はこれも非常に難しい。近年、関係者の注目を集めている制度に、専門家が持続可能な漁業であることを認証して、決められたラベルを貼る「海のエコラベル」制度がある。これについては、第9章で紹介することにしよう。

カナダ・ダルハウジー大学のメイヤーズ博士は生前、「マグロやサメがいない海を次世代に残してはいけない。自分の子供たちにも、自分が見て育ったような美しい海を渡さなければいけないのだ」と話していた。

マグロのいない海、ウナギのいない川を子供たちに残し、子供に「お父さんたちは私たちの分まで、ウナギやマグロを食べちゃったんじゃないの?」と問い詰められるようなことだけは、なんとしても避けなければならない。

コラム6　ワシントン条約

「絶滅の恐れがある野生動植物種の国際取引に関する条約」が正式名称。商業取引目当ての狩猟などによって野生生物が乱獲され、絶滅するのを防ぐため、対象となる動植物を定め、取引を禁止したり、取引の際に輸出国の許可証の発行を義務付けたりする。

生きた生物だけではなく、毛皮や歯なども対象となる。トラやジャイアントパンダやゴリラ、アフリカゾウ、ランの一種など約三万種が規制対象になっており、近年、ウバザメやジンベイザメ、タツノオトシゴ、ヨーロッパウナギなど漁業対象種や海の魚が対象になる例が増えている。

二〇〇九年にカタールで開かれた締約国会議では、日本が最大の消費国になっている大西洋のクロマグロの国際取引を禁止するかどうかが大きな議論となったが、結局、日本などの反対で提案は認められなかった。

第7章　アマゾンが砂漠になる？――止まらぬ森林破壊

生物多様性の保全のためにも、地球温暖化を防ぐためにも、世界の森林の減少を防ぐことが重要になることを述べてきた。特に重要なのはアジア、アフリカおよび中南米の熱帯の森林の保全だ。自生する植物の種類も、そこに生息する動物の数も非常に多いのが熱帯林の特徴で、広大な森は二酸化炭素の吸収や水資源の涵養《かんよう》にも大きな役割を果たしている。

だが、森林はこれまでともすれば、単に「木材を供給するための場所」とされがちで、各地で大規模な森林伐採や農地への転用などが進んでいる。日本には先進国の中では有数の規模の森林が残っているのだが、こちらの方は、人間の手が行き届かずに荒廃が進んでいる。残された自然の森林を守りつつ、森林からの恵みを持続的に利用することが、豊かな森を次の世代に残すことにつながるのだが、それは簡単なことではない。

◆地表の三割

国連食糧農業機関（FAO）の「世界森林白書二〇一〇」によると、地球上にある森林の面積は約四〇〇〇万平方キロで、陸地の面積の三一％を占める。地表面積の三分の一にも満たないのだから、地上に残された森は、われわれが考えるよりもずっと少ないとも言える。国土の中にまったく森がない国も、世界に六十か国以上あるという。

国内に最も多くの森林資源を抱えるのはロシアで、その面積は八〇九万九〇〇〇平方キロにもなる。日本の国の二十倍超の広さだ。第二の森林国は、国内に広大な熱帯林を抱えるブラジルで、その面積は五一九万五二二〇平方キロ。以下、カナダの三一〇万一三四〇平方キロ、アメリカの三〇四万二二〇〇平方キロ、中国の二〇六万八六一〇平方キロの順で、この五か国だけで世界の森の半分以上を占める。熱帯林は、ブラジル、東南アジア、アフリカのコンゴ川流域などに広がっている。面積的にトップではなくても森の中にある木材の量で見ると、それが最も多いのはアマゾンの熱帯林を持つブラジルで、その量はなんと一二六二億二一〇〇万立方メートルにもなる。これは日本の森林資源の量の三十倍近い。アマゾンの熱帯林がいかに貴重なものかがわかるだろう。アフリカ・コンゴ川流域の森林国のコンゴ民主共和国の森林資源量も、三五四億七三〇〇万立方メートルで四位となっている。

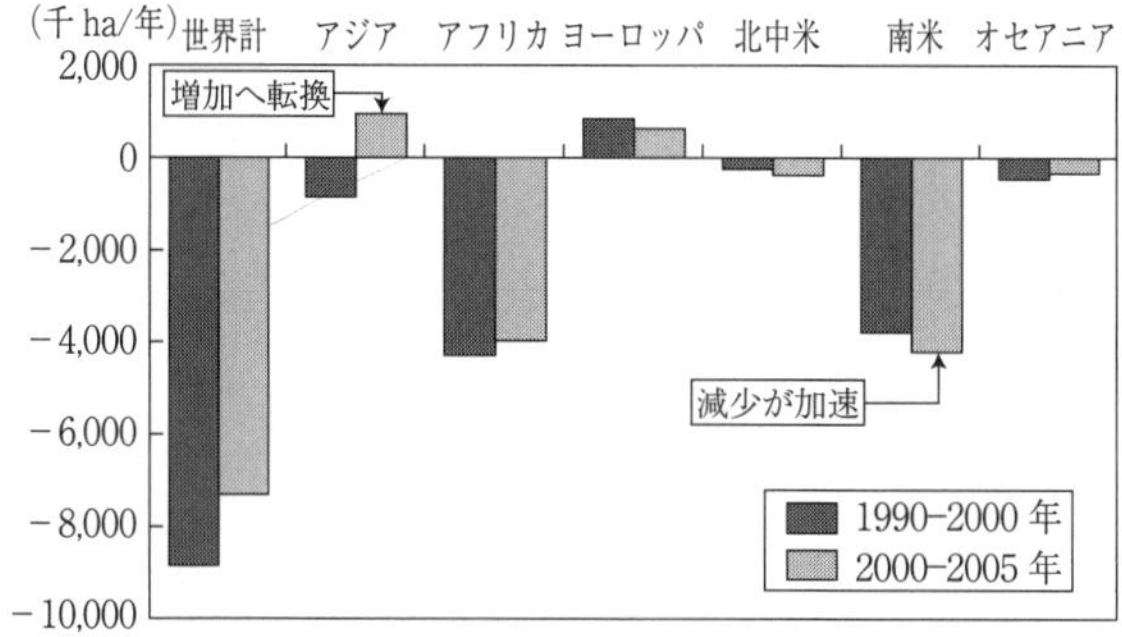

図 7-1　地域別の森林面積の変化。中国の森林が増えたためアジア全体では増えている。アフリカや南米で減少が目立つ（環境省の資料より）

◆減少する森林

森は人間の活動が盛んになって以来、一貫して減り続けている。減少は特に、南米や東南アジア、アフリカに広がる熱帯林で深刻だ（図7-1）。FAOによると、二〇〇〇年から二〇一〇年までに、各地の熱帯林は年平均で約一三万平方キロのペースで破壊されている。三年間で日本列島一つ分の森がなくなっていることになる。一分間になくなる森の面積は約二五万平方メートルで、東京ドーム五つ分よりも大きいといえばその規模の大きさが分かるだろう。一九九〇年からの十年間の年平均一六万平方キロに比べると、その量は少なくはなっているとはいえ、森林破壊は依然として深刻だ。

この森林破壊の大部分は過去三十年の間に起こったという。残された森の中でも、ほとんど人間の手が加わっていない「手つかずの森」は、かつて地上に存在した森の二〇%しかなくなってしまい、現存する森の半分以上は、二次林か人間によって植林された森である。

南米大陸、ブラジルの東海岸には、リオデジャネイロやサンパウロなどの大都市がある。ここにはかつて大西洋岸林という広大な森林が広がっていた。だが、大規模な植民などが始まったころから急速に森林伐採が進み、現在、残っているのはもともとあった森のわずか七%だけで、残された森も分断が進んでいる。サルや鳥など多くの生物が生息する貴重な森だったのだが、近い将来にすべてがなくなってしまうのではないかと懸念されている。

◆商業利用と農地利用

森林が失われる理由はさまざまだ。一つには有用な木材を切り出す商業伐採がある。自然の森の中には高価な木材とそうでない木材が一緒になって自生していて、高価な木材は往々にして少ない。これだけを切り出す「択抜」という手法を取ればいいのだが、効率を重視すると林業では広い範囲に生えている木をすべて伐採して利用する「皆伐」という手法が取られることが多く、広大な面積の森林減少とそれに続く土壌の劣化や流出を招くことが多い。これは熱帯地域だけでなく、カナダなどでも広く行われていて、環境保護団体などの激しい反対運動にさらされている。商業伐採に関しては最近は規制も強まり、かつてほどの深刻な被害は減りつつあるが、大きな収入が得られるだけに持続可能な形でない伐採が依然として続いており、国立公園などの保護区での違法伐採も続いていて、日本が輸入する木材の中にもまだ、かなりの量の違法伐採木材が含まれていると言われている。

発展途上国では人口の増加が続き、世界的にも農産物の需要が拡大している。商業伐採と並んで森林減少の大きな原因になっているのが、食料増産を目指した農地や牧草地開発のための開墾だ。FAOが、熱帯アジア・太平洋諸国で森林面積の変化をもたらした要因を分析した結果、農地への転換など農業関連の活動が、森林破壊の大きな原因になっていることが分かった。アフリカでは小規模な農業が、中南米では大規模な農業が占める比率が高くなるが、農地開発が大きな要因となっている点では共通しており、発展途上国での人口増加の影響が大きいことを示している。二〇〇〇年から〇五年の間の熱帯林破壊の三五〜四五%が小規模な農地への転換、二〇〜二五%が牧畜業、一五〜二〇%が大規模な農地への転換、一〇〜一五%が木材目当てのための伐採だとの研究成果も発表されている。

また、発展途上国では日常生活の中で使う燃料目当ての森林の伐採が拡大し、これが森林への大きな圧力になっていることも指摘されている。環境省などによると、世界の木材需要

伐採され燃やされたカンボジアの森林

のほぼ半分が途上国での燃料としての利用だ。世界には、近代的なエネルギーへのアクセスができない人が二十四億人もいるとされている。日々の暮らしの中での暖房や調理のためのエネルギーを木材に頼らねばならない人々に、森林伐採を止めるようにさせることは非常に困難だ。森林資源の動向は、世界のエネルギー資源の動向とも密接に関連しているのだ。

◆アブラヤシのプランテーション

近年、東南アジアでの熱帯林破壊の最大の原因とされているのが、パームオイルという植物油を取るために、広大な面積の土地を切り開いてアブラヤシというヤシの一種が植えられるようになったことだ。パームオイルは、調理用の油、スナック菓子やインスタント食品、コーヒーのクリーム、マーガリンやアイスクリームなどに使われるなど、日本人の暮らしの中にあふれ、せっけんや化粧品などの工業製品にも使われている。

米農務省によると二〇一〇年の世界の生産量は約四千八百万トンで、二〇〇〇年からほぼ二倍に増加。〇四年には大豆油の生産量を抜き、世界で最も広く使われる植物油となった。インドネシアとマレーシア両国で、世界の総生産量の八五％を占めている。消費量は、過去五年ほどの間に急増した中国が約六百万トン超で世界最大。欧米やインドなども多い。日本の輸入量は約五十七万トンで、うち四十九万トン弱が食用だという。

ただでさえ作付面積は増加傾向にあったのだが、ここに近年、バイオ燃料の原料としての需要が加わった。地球温暖化対策としての重要性が高まったためだ。

アブラヤシは、広大な土地を切り開いてびっしりと木を植える「プランテーション」で栽培される。インドネシア、マレーシア両国のアブラヤシ農園の面積は、北海道の面積より広い約八万平方キロに上る。これが森林破壊の原因となる。米プリンストン大学などの調査では一九九〇年～二〇〇五年の間に拡大したパームヤシ栽培地の五五～六〇％が天然林を伐採して開発された。

バイオ燃料は温暖化対策として拡大しているのだが、インドネシアなどではアブラヤシ農

どこまでも果てしなく広がるアブラヤシの単一栽培農場。東南アジアでの森林破壊の最大の原因がアブラヤシ農園の造成だとされる＝マレーシア・サバ州で

園の開拓のために泥炭林を焼き払って開発することが盛んに行われ、これが巨大な二酸化炭素の発生源になっていることが分かってきた。泥炭林の火災は場合によっては数年以上にわたって続くことがあり、環境への悪影響が指摘されている。

環境保護団体、コンサベーション・インターナショナル（CI）のラッセル・ミッターマイヤー代表は「アブラヤシの単一栽培の拡大が、インドネシア、マレーシア両国の森林破壊の最大の要因だ」と指摘する。この地域の熱帯林は、オランウータンやアジアゾウなど絶滅の恐れが極めて高いとされる動物に残された数少ない生息地だが、プランテーションの拡大によって生息地が分断されて生息状況が悪化。農地や畑に入り込むゾウが増えるなどして、人間と野生生物のあつれきが激しくなっていることも指摘されている。ミッターマイヤー代表は「アブラヤシ農園の造成は、荒廃地に限るべきだ。環境に配慮した形で生産されたパームオイルであることを認証する制度の充実などが急務だ」とするのだが、企業がアブラヤシの生産によって得られる収入は非常に大きく、アブラヤシのプランテーションが原因の森林破壊を食い止めることは簡単ではないのが実情だ。

◆大森林国なのに輸入依存の日本

国連食糧農業機関（ＦＡＯ）の統計によると、日本の森林面積は二五万平方キロ弱。国土の六九％にもなり、世界平均の三一％を大きく上回る。発展途上国の中には、南米のスリナムのように国土の九五％にも及ぶ豊かな森を抱える国もあるが、先進国の中ではフィンランドの七三％に次ぎ、スウェーデンと同率の「大森林国」である。

だが、日本の森の中で原生林は二〇％弱にすぎず、人工的に植林された森の面積が一〇万三二六〇平方キロと全体の四一％を占めている。残りが、少なくとも一度は伐採され、その後再び育ってきた二次林だ。戦後の復興期から高度成長期に多くの自然林が伐採され、杉やヒノキの人工林に姿を変えた。一九六六年の人工林の面積は八万平方キロ弱で全体の三〇％強だったのだが、八〇年代には一〇万平方キロを超えるなど約三〇％の増加。逆に天然林はこの間に一五％ほど減り、二〇〇七年、人工林が森林全体に占める面積は四〇％を超えるまでに増加している。森の木の量をみても二〇〇七年には人工林の資源量が天然林の資源量の一・五倍近くにまでなっている。〇七年の総量は一九六六年の二・三倍超の四四億三一〇〇万立方メートルで、日本の森林資源は増加傾向にあることが分かる。これは、戦後に植えられた人工林の成長が進み、森林が成熟したことを示している。このような森林はそろそろ伐採して森を活かす段階に来ているのだが、日本の林業は収益の悪化と高齢化が進み、森林の管理や利用が進まなくなり、人工林の荒廃が著しい。

一九六四年、木材輸入が全面的に自由化されて以来、日本には海外の安い木材が大量に輸入されることになった。日本の木材の自給率は低下の一途をたどり、二〇〇〇年には過去最低の一八・二％にまで落ち込んだ。その後、外国産材の価格の上昇の影響で自給率はやや上昇したものの、二〇〇八年には二七・八％と依然として低レベルのままだ。

過去にはマレーシアやインドネシアなど東南アジアの熱帯林からの木材の輸入量が多く、熱帯林破壊に大きな責任があると批判された日本だが、近年では特に丸太や製材ではロシア

三重県のスギの人工林。日本の森林は管理が不十分で荒廃が目立つ

やカナダ、アメリカなどからの輸入が主流になっている。パルプやチップはオーストラリアやチリ、南アフリカなどからが多い。だが、原産国で加工された合板は依然としてマレーシアやインドネシアなど東南アジアからの輸入が多い。これらの国では依然として原生林の伐採や違法な森林伐採などが深刻であることが指摘されており、国内に大量の森林資源を抱えながら、多くの森林資源を海外から輸入し続ける日本への視線は依然として厳しいものがある。大森林国の一つとして、日本は、国内にある豊かな森林資源を有効に活用し、自給率を向上させる道を探る努力が求められている。

◆木材ピーク

こうしてみると、地球上の森林はさまざまな脅威にさらされ、減少や荒廃が進んでいることが分かる。森林は再生可能資源なので、人工的に植えた森を中心に、自然の成長量の範囲内で持続可能に森林資源を利用していれば、これほど急激に森林が減少したり、荒廃したりすることはなかっただろう。森林減少は、自然の許容力を越えて自然環境に負荷をかけ、そのツケを次の世代に回すという、これもまた「環境負債」の典型的なものだといえる。

これを印象づける研究結果が二〇一二年一月、オーストラリアやパプアニューギニアなどの研究グループによって発表された。過去数十年にわたるアジア・太平洋地域の森林伐採による森林の減少率や森林の再生率などを比較したところ、現在の森林伐採のペースはほとんどの場所で再生率を大きく越えており、このままではごく近いうちに、この地域の木材生産量はピークを越えて減少に転じてしまう、という結果が得られたという。石油のような地下資源は、採取量が増えればやがて産出量が減ってきて枯渇することが知られており、「石油ピーク」と呼ばれる。森林は再生資源なので、そんなことは起こらないと思われていたのだが、今のペースで伐採を続けていったら世界的に木材の生産量が頭打ちになり、減少に向かう「木材ピーク」がやってくる可能性があるという。

グループによると、経済的に価値が高い木は、概して成長率が小さいので、乱伐の影響を受けやすい。この結果、市場では、高齢で大きく高価な木材の産出量はどんどん減っていて、価値が低く、年齢が若い樹木からの木材が中心になりつつある。

魚がどんどん捕れなくなって、小さな魚ばかりになるという、漁業資源の乱獲とそっくりの現象が、アジア・太平洋地域の森林でも起こっているということになる。

◆アマゾンが砂漠になる？

森林問題を考える上で、重要なことは地球温暖化問題との関連だ。大気中の二酸化炭素を吸収して育つ森林は巨大な二酸化炭素の貯蔵庫で、森林に蓄えられている炭素量は二千七百〜二千八百億トンといわれている。森林に蓄えられた炭素の量が最も多いのは広大なアマゾンの熱帯林を抱えるブラジルで、その量は六百二十六億七百万トンで世界全体の二三％にもなる。二位ロシアは三百二十六億トン、以下、コンゴ民主共和国、アメリカ、カナダ、インドネシアなどの順だ。

既に述べたように熱帯林の減少に歯止めがかかっておらず、急速に進む森林破壊は温室効果ガス発生の主因の一つになっている。毎年大気中に放出される温室効果ガス総量のうち一五〜二〇％は、森林破壊など土地利用の変化が原因だという。森林破壊が原因となる二酸化炭素の量を考慮すると、インドネシアは世界第三位の排出国だということになる。FAOによると、一九九〇年から二〇一〇年までに国内の森林中の炭素の減少が最も大きかったのはブラジル。二位はインドネシアで、ナイジェリア、コンゴ民主共和国、カメルーンなどのアフリカ諸国も減少が目立つ。

一方で、深刻化する温暖化はさまざまな形で森林に悪影響を与える。ロシアやオーストラリア、北米などの森林では近年、干ばつや記録的な少雨を原因とする山火事が増加傾向にある。毎年、山火事が原因で失われる土地の面積は年間三億五〇〇〇万ヘクタールにも上るという。

雨が減ることによる乾燥化も森林に悪影響を与える。英国の研究者が行ったシミュレーションによると、地球温暖化が進むとアマゾン周辺は乾燥化が進み、二〇五〇年ごろから徐々に森林が減っていくと予測されている。二一〇〇年にはアマゾンの半分近くが、乾燥した砂漠地帯のようになってしまう可能性もあるという。既に、アマゾン地域では干ばつが深刻化し、川が干上がったり、流量が極度に減ったりという現象が頻繁に発生するようになっている。大量の二酸化炭素を吸収し、周囲の気候の安定化に大きな役割を果たしているアマゾンの半分がなくなってしまったら、その影響は地球規模に及ぶことも心配されるという。

◆虫害が温暖化を加速

北米やロシア、欧州などの寒帯や亜寒帯の森では最近、小さな甲虫による食害の広がりが森林破壊の原因として注目を集めている。

カナダ西海岸のブリティッシュコロンビア州では今世紀に入ってから、虫害によって森林が大規模に枯死し、茶色く変色してしまうケースが急増している。カナダ全土の被害面積は推定で一三万平方キロと日本列島の三分の一、一年間に破壊される熱帯林の面積にも匹敵する。カナダ北部の森林は成熟した木が多く、二酸化炭素吸収量はそれほど多くなかったのだが、虫害によって枯死する木が増えた結果、森林が吸収源ではなく、二酸化炭素の排出源に変わってしまったとされている。

二〇〇〇年から二〇二〇年までに虫害の拡大で排出される二酸化炭素の量は、推定で二億七千万トンにもなり、カナダが京都議定書で排出削減を義務付けられた量に匹敵する。同様の虫害の拡大は米国のアラスカ州でも観測されており、温暖化によってパインビートルが冬に死なずに越冬できる地域が増え、生息地を広げたことが原因だとされている。FAOはこの種の虫害によって影響を受けた森林の面積は、分かっているだけで世界で三五万平方キロに達すると試算し「このまま温暖化が進めば、被害はさらに大きくなるだろう」と警告している。

森林伐採や焼き畑、パームオイルのプランテーションの拡大によって大気中の森林から大量の二酸化炭素が放出され、これが地球温暖化を悪化させる。地球温暖化が進むと山火事や虫害が増えて森林が傷つき、これがさらに温暖化を悪化させる。こんな悪循環が起こり始めているのだ。

だが、逆に考えれば、森を守って二酸化炭素の排出量を減らし、森林が吸収する量を増やしてやれば、これは有効な温暖化対策だということになる。森が豊かになれば、減少が著しい生物多様性の喪失も止められるかもしれないし、水資源も豊かになる。流域の河川や下流の海の漁業資源の回復にも貢献する。成長した森林を伐採して、石油や石炭の代替品となるバイオマス燃料として使えば、温暖化防止効果はさらに大きくなる。森林の保全と持続可能な利用が実現すれば、その効果は計り知れないものがあるのだ。

◆「そんなに森を切らないでください」

森林を国際協力で守ろうという動きも活発化している。今から二十年前、ブラジルのリオデジャネイロで開かれた国連の環境開発会議（地球サミット）でも、熱帯林の破壊をどうしたら止められるかが、大きな議題となった。

テレビや新聞では、伐採され燃やされたブラジルや東南アジアの熱帯林や、そこにすむ動物の姿などが連日のように取り上げられ、強力な森林保護対策に各国が合意するよう求める声が高まった。

だが、森はそもそもそれぞれの国が保有する資源である。よその国の人間が、森林を抱える国に「森の木を切るな」と言うことは難しいし、そもそも適当ではない。しかも、現在、多くの森を抱えているのは貧しい発展途上国である。

地球環境保全が問題になり始めた一九八七年、英国の十歳の少年が、当時のマレーシアのマハティール首相に「そんなに森を切らないでください。僕は将来、林学の勉強をしたいと思っているのに、そんなに森を切ったら、僕が大人になるころには森はなくなってしまいます」と手紙を書いた。これにマハティール首相が「あなたは大人たちに利用されている。木材産業はこのように多くのマレーシア人を助けています。あなたに勉強をさせるために、彼らを貧しいままにしておくべきでしょうか。あなたの研究のほうが貧しい人々の空腹を満たすことより重要なのでしょうか。マレーシアの林業は多くの人を救っているのです」と反論したという有名な話がある。

「ずっと昔に自国の森を伐採して豊かになった先進国の人々に、今になって自分たちの森を切るなと言われたくはない。自分たちも自国の森林資源を利用して、豊かになる権利がある」――それが発展途上国の主張だった。

この種の対立はその後も長く続いている。一九九二年の地球サミットでは、国際協力で熱帯林などの森林を守るための「森林条約」を作ろうとの意見もあったのだが、結局、これは発展途上国からの激しい抵抗で失敗に終わる。

これに代わってサミットでは「すべてのタイプの森林の管理、保全及び持続可能な開発に関する世界的な意見の一致のための法的拘束力はないが権威ある原則声明（森林原則声明）」がまとめられるだけに終わった。そもそもこんな長い名前になったということからして、各国の意見がまとまらなかったことを示している。「すべてのタイプの森林」となっているところは、「熱帯林だけを問題にするのは正しくない」という途上国の主張の反映だし、「法的拘束力はない」というのも、森林保護の取り組みが自国の発展の可能性や権利を侵害されるものになっては困る、という途上国の主張の結果である。十五条からなる森林原則声明の第一条には「各国は森林を利用、管理、開発する主権的かつ不可侵の権利を有する」と明記されている。原則声明には、森林の保全や持続可能な経営の達成に向けて各国が努力することや、国際社会は協力してそれに取り組み、そのコストは国際的に公平な形で分担するなど、森林の保全と持続可能な利用の実現に向けたさまざまな「原則」が明記されたのだが、「権威がある」というだけでは不十分で、サミットの成果を受けてその後の世界の森林保全の取り組みが順調に進んだとは言い難い。

二〇一一年は国連が定める「国際森林年」で、各国で森林の保全や持続的な利用を目指すキャンペーンなどが行われたのだが、これも多くの人の知るところとは残念ながらなり得なかった。国際社会は今、森林保全の取り組みをこれまでに増して強化することを求められている。

コラム7 バイオマスエネルギー

木材に代表される生物資源を使って得られる電力や熱のことをバイオマスエネルギーという。人間が古くから利用してきた薪や炭もこの一種。家畜のフンを固めたものや農業廃棄物や生ごみ、下水処理場からのメタンガス（バイオガス）などもバイオマスエネルギーの一種。サトウキビや大豆、アブラヤシなどから生産するバイオ燃料もこのカテ

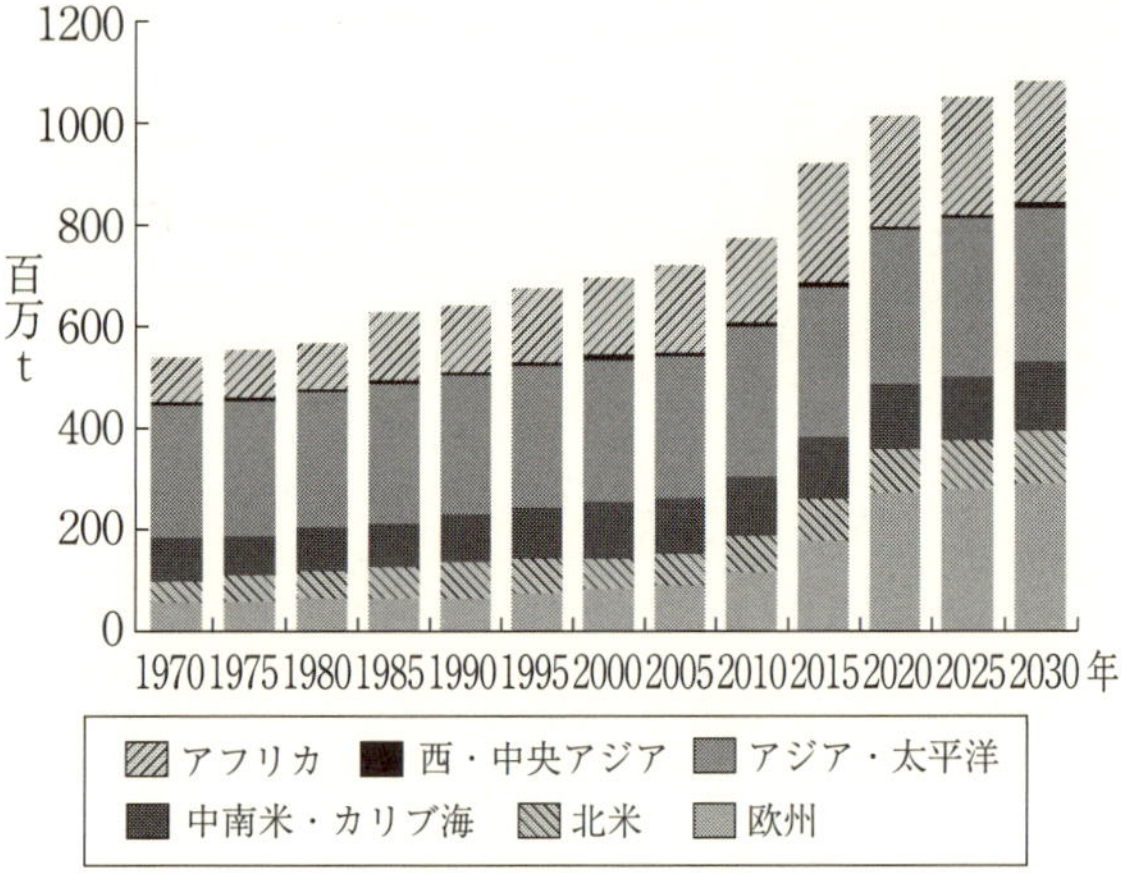

図7-2　バイオマス燃料の生産量の推移（国連食糧農業機関〈FAO〉による）

ゴリーに含まれる。

バイオマス発電では、木材や、それを細かくした「チップ」や、小さな円筒形に成型した「ペレット」を燃やして発電をするのが一般的だ。製材所や農地から出る廃棄物など活用できる資源は幅広く、資源量は豊かだ。スウェーデンやノルウェー、オーストリアなどでは化石燃料の代替エネルギーとして利用が進み、温暖化対策として効果を上げている。木材などを燃やして発電をし、発生した熱を給湯や冷暖房に利用するコージェネレーション（熱電併給）にバイオマスを利用した高効率のシステムも広く普及している。

第8章　広がる化学物質汚染——影響は次世代まで

一九三九年、スイスの化学物質メーカーの技術者、パウル・ミュラーが、分子の中に塩素を含む特殊な化合物に、ガなどの昆虫を殺す強力な作用があることを発見した。その物質の名前はジクロロジフェニルトリクロロエタン。ＤＤＴという略称で知られるようになったこの物質は、第二次大戦中の連合軍がペストを予防するのに大きな効果を発揮。戦後は殺虫剤として大量に生産されるようになった。体内に取り込まれず、体の表面に着いただけで固い殻に守られた昆虫を微量で殺してしまうのがＤＤＴの特徴で、ミュラーは一九四八年、「多種の節足動物に対するＤＤＴの接触毒としての強力な作用の発見」の功績でノーベル生理学・医学賞を受賞した。

だが、それから十数年後、米国のレイチェル・カーソンが出版した『沈黙の春』はＤＤＴに代表される有機塩素化合物が環境中に蓄積し、生物に大きな悪影響を与えていることを指摘、大きな注目を集めた。野外の調査や実験室内での研究が進むに連れてカーソンの指摘の正しさが証明され、環境や人体の汚染、発がん性などが確認された。ＤＤＴは日本国内でも大量に使われていたのだが、一九七一年、各国で使用や製造が禁止されると、農薬や家庭用殺虫剤としての販売が禁止され、八一年には製造、販売、使用が完全に禁止された。

それから三十年以上、ＤＤＴとその分解物質のＤＤＥという物質の環境や生体への汚染が日本など多くの先進国で続いている。ごく微量で動物のホルモンの働きを阻害する内分泌かく乱物質（環境ホルモン）の一つとされ、次世代への影響への懸念も高まっている。

便利な物質だ、として各国で大量に使われたが、後になってさまざまな害があることが分かり、環境や人体に蓄積して、場合によっては次に生まれる世代にまで影響を与えることが心配される――。その種の物質はＤＤＴだけに留まらない。毎年、次々と新しい人工の化学物質が開発され、市場に出てゆく。いかに便利かについての宣伝は多いのだが、デメリットやリスクについてはあまり公表されず、場合によってはきちんと調べられていないということも少なくない。ここでは、近代科学の産物ともいえる多種多様な化学物質が引き起こす環境問題をみていくことにする。

『沈黙の春』（新潮文庫）

◆胎児への影響

現在、工業的に生産され、市場に出回っている化学物質の数は約十万種にもなり、年間千トン以上生産されるものが四千種以上あると言われている。米国化学会が一九六五年に始めた化学物質登録のためのデータベースは、二〇〇九年に登録物質数が五千万を超えた。登録が四千万から五千万になるまでには一年もかかっていないので、いかに毎年、多種の化学物質が人間の手によって合成されているかが分かるだろう。今の日本人の生活の中を見回しても、洗剤、医薬品、化学調味料、化粧品、食器、自動車の部品や化学繊維、パソコン、農薬や肥料など大量の化学物質に囲まれた生活をしていることに気付く。現代人の便利な暮らしを支えているのが化学物質であるといっても過言ではない。

一方で、人為的に作り出された化学物質などが環境中に大量に放出され、人間の健康や生態系に悪影響を与えるケースも多い。日本最悪の公害病である「水俣病《みなまた》」は、熊本県にあるチッソの化学工場が排出したメチル水銀によって魚が汚染され、それを食べた水俣湾沿岸の人々に中枢神経の異常を中心とするさまざまな障害が多発した事件である。同様の有機水銀中毒事件は、新潟県の昭和電工の工場からの排水によっても引き起こされた。この有機水銀による被害は、汚染された食品を食べた母親が取り込んだメチル水銀が胎盤を経由してお腹の中にいた赤ちゃんの体内に蓄積し、胎児の神経系の発達に重い障害を引き起こす「胎児性水俣病」の発生を招いた。化学物質による汚染の被害が、現存する世代だけではなく、次の世代にまで及ぶことがあることが、水俣病の大きな教訓の一つである。

細胞分裂が盛んで体が小さい胎児や生まれたばかりの赤ちゃんや乳児は、大人に比べてはるかに化学物質の影響に敏感なので、化学物質汚染による被害の防止には、これらの「ハイリスク」な人々への配慮がとても重要になるのだ。

◆史上最悪の事故

近代化学産業は、超高温や超高圧の条件下で、あるいは強力な酸やアルカリを使って化学物質を合成するケースが少なくない。ここで一歩誤って爆発などが起こると、周囲に大量の化学物質が放出されて、原子力発電所の事故に匹敵するような大規模な事故に発展することもある。「史上最悪の化学工場の事故」は、一九八四年十二月、インドのボパールという町で起こった。米国のユニオン・カーバイドの子会社の工場から事故によって極めて有毒なガスが施設外に大量に流出し、ボパールの貧しい人々が密集して暮らす地域などを襲った。

ガスによってほぼ即死した人が二千人以上、被害を受けた人は三十万人を超えるとも言わ

1984年12月に有毒ガスが流出したインド中部ボパールの旧ユニオン・カーバイドの子会社工場跡地（共同通信）

れ、後になって事故が原因で命を落とした人は最終的に二万五千人に上るとも言われている。事故から三十年以上が経っても周囲には高濃度の汚染物質が処理されないまま残り、周囲の水や土壌を汚染し続け、人々の健康を脅かしていることが環境保護団体などによって指摘されている。ここでも当時ガスを吸入した母親から生まれた子供の異常など、世代を越える被害も報告されており、企業の被害補償に対する姿勢が不誠実であることなどからいまだに訴訟が続いていることなども、水俣病のケースと似ている。

◆分解が困難な有機塩素化合物

これほど大きな被害をもたらすことはなくても、その後も人間や環境への影響が指摘される有害化学物質は跡を絶たない。一九三〇年代から使用されるようになったポリ塩化ビフェニール（ＰＣＢ）は、安定的な絶縁体などとして重宝され、電機部品の中の絶縁油や冷却剤、可塑剤などに使われ、蛍光灯や複写紙などにも加えられた。だが、後になって環境中で分解されにくく人間をはじめとする生物の体内に高濃度で蓄積していることや発がん性があることなどが報告され、一九七〇年代の後半から各国で使用が禁止された。ＰＣＢは処理が難しいために、ＰＣＢを含む機器や製品が長い間、保管されたままになっている。使用禁止になってから三十年以上になる現在でも、ＰＣＢの環境中への放出は続いており、生物や海底の泥の中などの濃度はいまだに下がっていない。人間や野生生物の免疫機能や発達などへの影響も懸念されている。

ＤＤＴもＰＣＢも分子中に塩素を含む「有機塩素化合物」である。有機塩素化合物はこれ以外にも多くの種類があり、農薬や殺虫剤などとして大量に使われた。シロアリ防除のためのクロルデン、農薬のＢＣＨ、半導体部品の洗浄などに使われたが大規模な地下水汚染が問題になったトリクロロエチレンやドライクリーニングの溶剤のテトラクロロエチレンなど、暮らしを便利で快適にしようとして製造された有機塩素化合物は、深刻な汚染を招き、使用が禁止されたり、使用量が減ったりしてから長い時間がたった今でも、生物や人間の体内、

大量のごみが捨てられているインドの埋め立て地。自然発火によってダイオキシンが発生することが心配されている（愛媛大学提供）

環境中の試料などから広範に検出される。自然界で分解されにくいのが有機塩素化合物の特徴だからである。

ＰＣＢのように意図的に生産されたものではないが、発がん性をはじめとする強い毒性が大きな問題となったダイオキシンやジベンゾフランも、有機塩素化合物の一種である。塩ビなどを含むプラスチックごみの焼却、農薬の製造過程で発生した不純物、紙パルプ工場などで漂白に使った塩素を含む廃液が原因で生成されるなど発生源は多く、削減対策は困難を極めた物質で、これもいまだに環境を広く汚染している。

◆貝がオス化

魚の養殖の際、網に貝が付着しないようにしたり、船の底に塗料に混ぜて塗って長い航海中も船底に貝が付着しないようにしたりする目的で一九七〇年代から世界中で使われた物質が、トリブチルスズやトリフェニルスズという有機スズ化合物だった。

効果が長持ちし、ごくわずかな量でも効果を発揮するためにもてはやされたのだが、極めて低濃度で野生の貝の生殖活動を阻害するため、海の生態系への悪影響が大きな問題になった。フランスではカキの養殖業が有機スズによって壊滅的な打撃を受けたとされ、日本では国立環境研究所の研究グループが、ある種の貝のメスにオスの生殖器ができて繁殖を妨げ、個体数が激減していることなどを報告。今では使用が禁止されるようになった。有機スズは生物の免疫機能にも悪影響

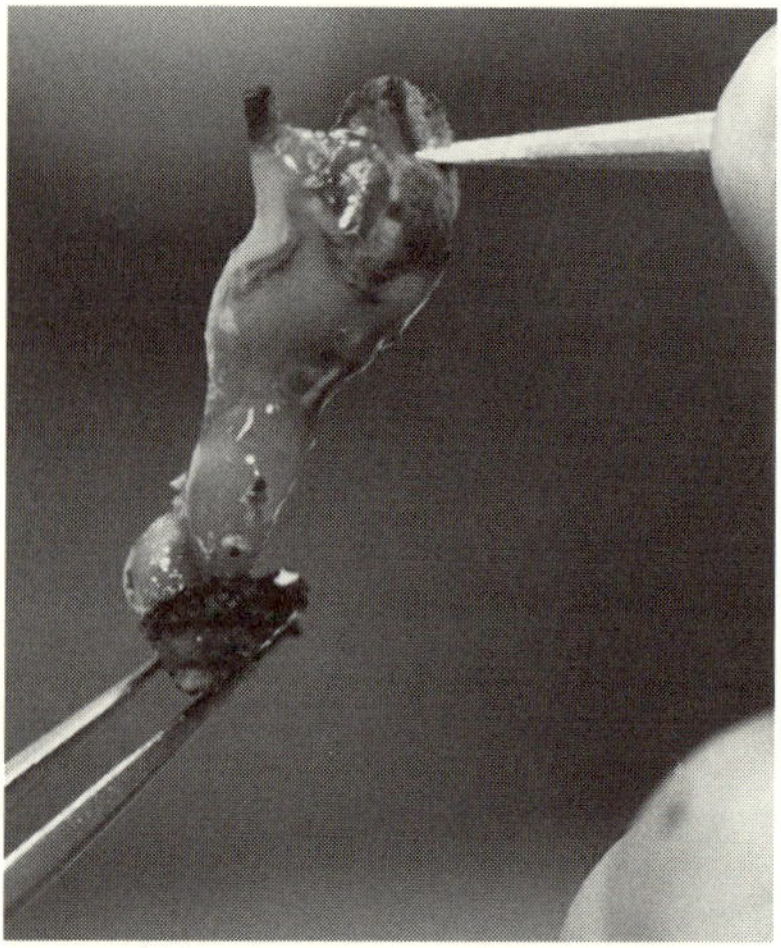
イボニシという小型の巻き貝の生殖器を調べる国立環境研究所の研究者。有機スズ化合物はごく微量である種の貝の生殖器に異常を引き起こすことが確認された

を及ぼすため、有機スズによる水産物の汚染も問題になった。これも使われなくなってかなりの時間がたっているにもかかわらず、いまだに一部の海域では高濃度の汚染がみつかっている。

◆環境ホルモン

一九九〇年代の末になって、化学物質が人の健康や野生生物の生息に与える新たな影響がクローズアップされた。ある種の化学物質が人間などの生物のホルモンに似た挙動をして、その働きを妨げたり、乱したりする可能性があるという問題だ。これらの化学物質は「内分泌かく乱化学物質」と呼ばれ、「環境ホルモン」と言われることもある。九七年に環境保護団体の世界自然保護基金（WWF）の研究者だったシーア・コルボーン博士らが出版した『奪われし未来』という本でこの問題を指摘したことなどから大きな話題を呼び、日本でも連日のようにニュースとして取り上げられるようになった問題である。

ホルモンは、ギリシャ語の「刺激する。興奮する」という言葉が語源である。生物の体内で生産される微量の情報伝達物質で、特定の器官に働き掛けてさまざまな生体の調節をして、生物の恒常性を保つ物質である。ごく微量で作用し、標的となる器官でだけ機能を発揮する。

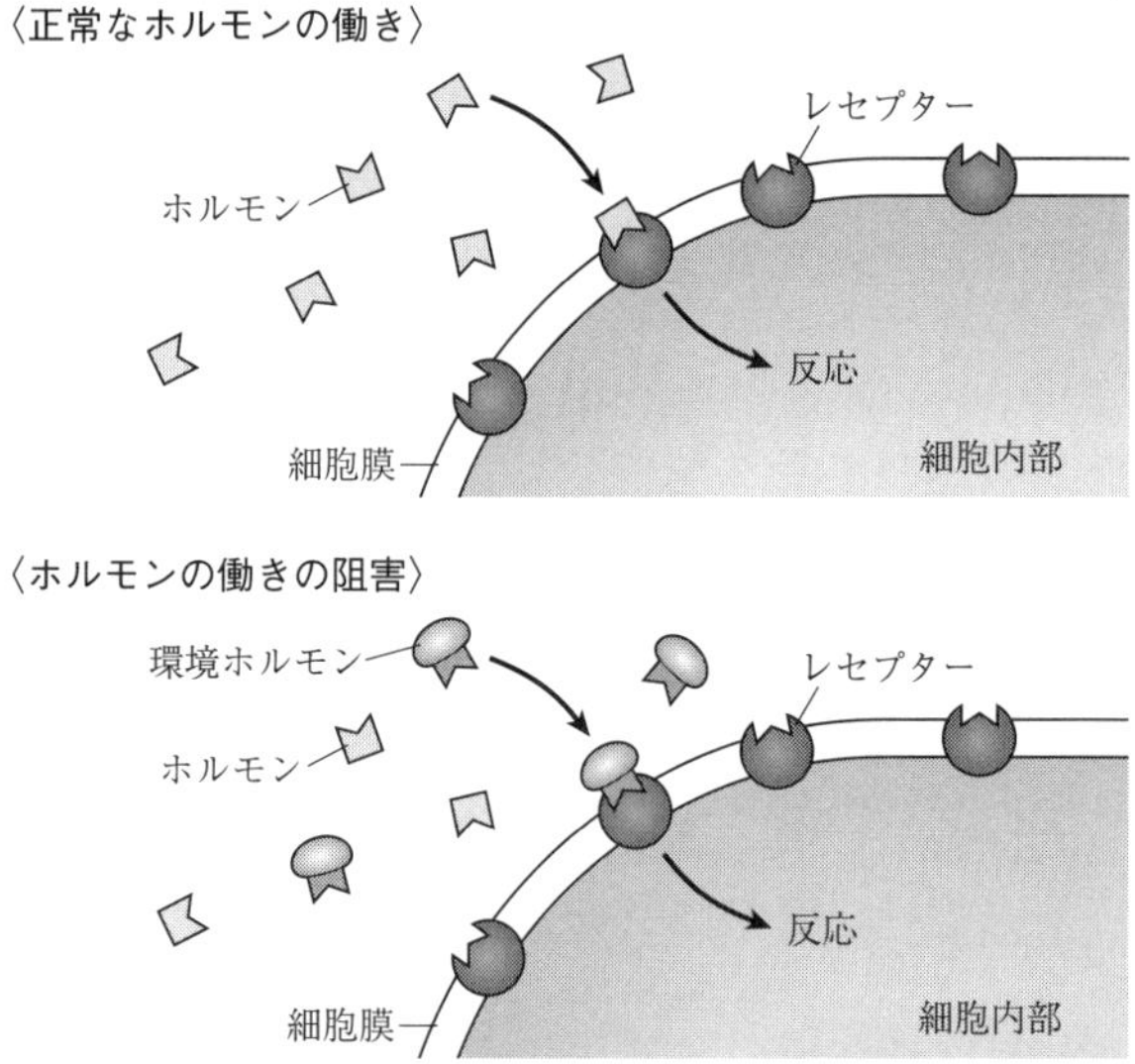

図8-1　ホルモンの働きとそれを阻害、かく乱する環境ホルモンの働き

ホルモンが「カギ」だとすれば、標的となる器官には「カギ穴」のようなものがあり、カギ穴にちょうどいいカギが入った時、その器官は一定の機能を発揮すると考えられている。環境ホルモンは、本来のホルモンではないが、「カギ」であるホルモンと構造が似ているため「カギ穴」にはまってしまう（図8-1）。すると、本来のホルモンの働きを妨げたり、逆に過剰に働かせてしまって、生体の調節機能をだめにしたり、ひどい場合には奇形や病気の原因を作ったりする。これが環境ホルモンの悪影

響だ。

ＤＤＴやＰＣＢ、ダイオキシン、有機スズなどのほか、フェノールとよばれる物質や一部の農薬、プラスチックの可塑剤などに使われる多くの物質に、内分泌かく乱作用があることが指摘され、米フロリダ州のワニや英国の魚、北米五大湖のサケや鳥類などに観察される生殖器の異常などがこれらの物質の影響であることが指摘された。

人間への影響については、有機塩素化合物と子宮内膜症、子供の行動異常や発達異常、免疫機能の低下や亢進《こうしん》、乳がんなどとの関連が指摘されたが、これについてはよく分かっていない点が多い。また、女性ホルモンに似た作用を持つ物質の影響で人間の精子数が減っているとか精子の活動が不活発になるといったことが指摘され、マスコミの大きな注目を浴びたことがある。

環境ホルモンの問題が大きな注目を集めたのは、性ホルモンのかく乱による不妊や生殖異常、奇形の発生、成長ホルモンのかく乱による発達障害など、次世代への悪影響を引き起こす可能性があると指摘されたことからだった。女性ホルモンを原料にした薬を妊娠中に飲んだ母親から生まれた女の子に、成人になってからガンが発生したことなどとの類推から、妊娠中の母親が環境ホルモンを摂取することで、出生後の子供の健康に影響が出ることへの懸念も高まった。
研究が進むに連れて、当初懸念されたような大きな影響が人間の健康に発生する可能性は低いことが分かってきたが、ある種の化学物質には確かに野生生物や実験動物のホルモンの働きをかく乱し、生まれる子供の男女比を変えたりする「環境ホルモン」作用を持つことも分かってきた。環境ホルモンの影響で生物の生息にただちに大きな影響が出ることはなさそうだが、さまざまな仕組みで次世代の生物にまで影響を及ぼすことが懸念されることには変わりはない。

ダイオキシンやPCBなどの有機塩素系化学物質による汚染が極めて深刻な五大湖や北極域などで汚染された魚を多く食べている人や、動物を食べることが多いイヌイットなどの先住民では、体内に蓄積される有害物質の濃度が高くなり、その両親から生まれる子供の男女比が女性に偏ったり、知能や行動の発達が遅れたりすることなどが研究者によって指摘されている。

へその緒の中の有害物質の濃度を手掛かりに母親の化学物質の曝露《ばくろ》が生まれる子供に及ぼす影響を調べた調査でも、へその緒の中のダイオキシンなどの濃度が高い母親から生まれた子供ほど、出生時の体重が低い傾向にあることや、生後の発達への影響や感染症にかかるリスクを上げる可能性があることが報告されている。

最近では妊娠中に母親が有害化学物質にさらされると、胎児の遺伝子の不可逆的な変化が付け加えられ、その影響で生後かなりの時間がたってから、例えば成人になってから糖尿病などのリスクが高まるという、「エピジェネティック」な影響、という問題も指摘されており、化学物質の次世代への影響の研究の重要性は、どんどん大きくなっている。

◆グラスホッパー効果

化学物質の開発や合成には最先端の技術が必要なので、生産量は先進国が多い。最近では中国の生産量が多く、米国に次ぐ世界第二位の化学物質生産大国となり、日本は第三位になっている。当然、化学物質の環境への排出も先進国が多く、北半球の中緯度地域で汚染が深刻だったが、最近の研究で、寿命の長いPCBやダイオキシンなどの有害化学物質が生物の移動、海流や気流によって広い範囲に運ばれ、地球規模での汚染を引き起こしていることが分かってきた。また、多くの有害物質を含むごみがリサイクル目的で発展途上国に運ばれ、そこで解体されたり、廃棄されたりして、化学物質汚染の原因になっていることも確認されている。

先進国から中国に運ばれ、リサイクルのために解体される大量の電子ゴミ。ずさんな処理が環境汚染や住民の健康被害の原因となっていると指摘されている

さまざまな形で温度が高い熱帯に運ばれた化学物質の中には、そこで気体になったり、上昇気流に乗って運ばれたりして、上空に舞い上がるものも少なくない。これらの物質は、気温が低く、雨や雪が多い北極域の上空に達すると、今度は地上に落下してくる。こうして、本来は発生源から遠い北極の高緯度地帯に、有害化学物質の濃度が非常に高い場所が形成されることも分かった。バッタがピョンピョンと跳ねるように化学物質が北極に運ばれてゆくこの現象は「グラスホッパー効果」と呼ばれる（図8-2）。

北極に運ばれた有害化学物質は、アザラシや鯨、魚などの動物の体内に高濃度で蓄積し、これを大量に食べるイヌイットや島の住民の

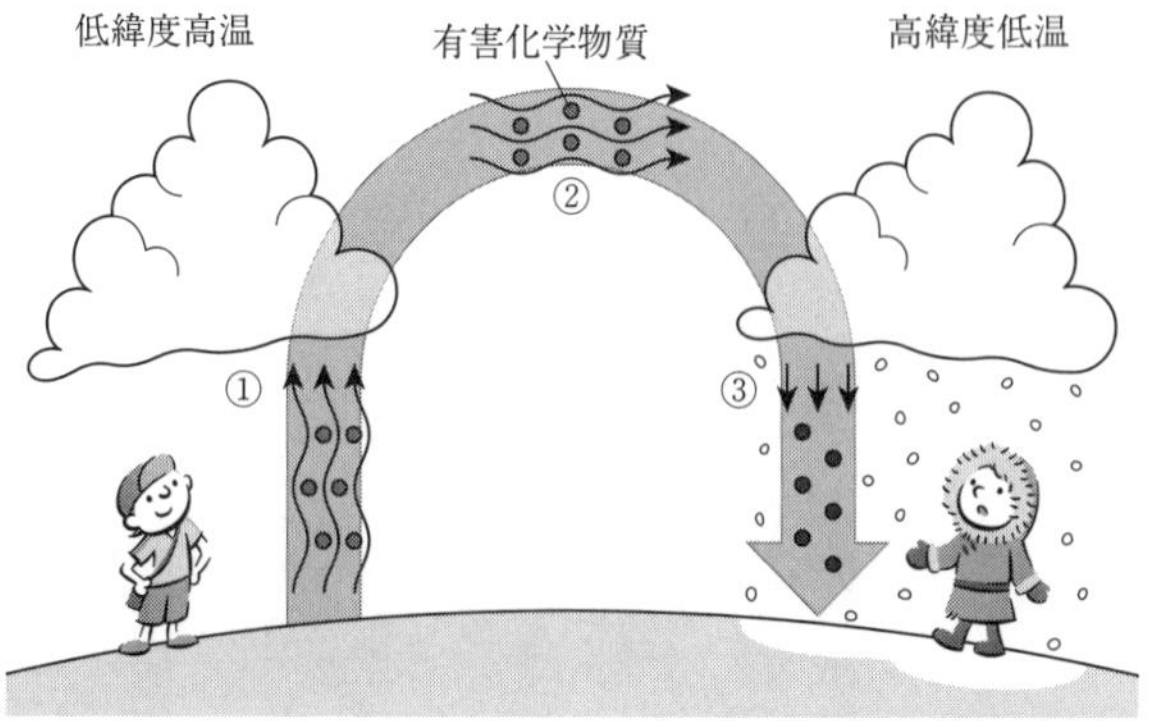

①気温が高い熱帯周辺で有害化学物質が揮発する
②上空の大気の流れによって気温が低い高緯度地域まで運ばれる
③気温の低い地域で有害物質が濃縮され、雨や雪に混じって地上に降下する

図 8-2　グラスホッパー効果

体内でも高濃度になる。有害物質は食物連鎖のピラミッドの上に行けば行くほど高濃度になることが多い。これらの人々は、汚染源から遠く、化学物質などほとんど使っておらず、恩恵もほとんど受けていないにもかかわらず、体内の有害物質の汚染レベルは、健康影響が懸念されるまでに高くなることがある。

かつてはごく狭い地域に限られていた有害化学物質の汚染は、生産量の増加とともにさまざまな形で地球規模に拡散し、地球規模の環境問題となってしまった。

◆影響を調査できた物質はごくわずか

冒頭で紹介したように今では毎日のように新しい化学物質が市場に出て行く。これに対して、化学物質が人間や生態系に与える影響の調査には、手間もお金もかかるため、追いついていないのが実情だ。短い間に高濃度の影響を調べることはできても、低濃度の汚染に長い間かけてさらされた時の慢性的な影響の研究となるとなおさらだ。

しかも過去に影響が詳しく調べられないまま商品化されて、いまだに大量に使われている物質も少なくない。往々にして、大きな環境問題を引き起こすのはこの種の物質だ。

日本の場合、一九七三年に施行された化学物質審査規制法によって、新たに製品化される化学物質については、市場に出す前に、製造業者や輸入業者が、毒性や蓄積されやすさ、環境中での分解されやすさなどを調査し国にデータを提出し、審査を受けることが義務づけられており、安全を管理する仕組みが一応は整っている。問題は既に製品化されている化学物質である。日本に約二万種類もあるこれらの物質の毒性は国が調べることになっている。ところが、これまで調べられた物質は、分解性・蓄積性については約千五百種、人への健康影響については約三百種、生態系に対する毒性については約五百種に過ぎない。多くの化学物質が、その有害性が分からないまま今日も大量に生産され、使われていることになる。

調理器具が焦げ付かないように表面をフッ素で加工する過程などで出る「有機フッ素化合物」、カーペットやテレビ、パソコンなどを火事の時でも燃えにくくする難燃剤として大量に使われている「有機臭素化合物」など、有機塩素化合物に構造や毒性が似た物質が環境中に広く、高濃度で蓄積していることが判明するなど、新たな汚染も次々と確認されているのだが、これに関する国などの調査研究は遅れがちだ。

目先の経済的な利益だけに目を奪われず、長期的なリスクやデメリットにもきちんと目配りをすることが、地球規模の化学物質汚染を防ぐ上でもやはり重要であるのだが、他の地球環境問題と同様、実行に移すまでには至っていないのだ。

◆リスク評価

化学物質の汚染が地球規模で広がるのを前に、それに対するさまざまな対策も徐々に始まっている。

重要なことの一つは情報公開である。化学物質の開発には多大な年月と資金を要するため、それに関する情報は企業にとっては大事な企業秘密である。生産過程などでどのような化学物質を使っているかについても同様だ。化学物質汚染の対策が進まず、時に手遅れになるほどの汚染が広がってしまうことの一つは、使用や排出の実態に関する企業の情報公開が進まなかったことに原因がある。

企業が工場などでどのような化学物質をどれだけ使用し、どれだけ環境中に出しているのかをきちんと報告させようという制度が「PRTR」と呼ばれるものだ。有害物質がどのような発生源から、どれくらい環境中に排出されたか、あるいは廃棄物に含まれて事業所の外に運び出されたかというデータを集計し、公表させる仕組みで「化学物質排出移動量届出制度」と呼ばれる。日本でも一九九九年に制度化され、一定規模の事業所に情報公開が義務付けられた。本来は情報公開のためだけの制度なのだが、この制度の導入によって企業の排出量が減ってきたことも報告されている。

化学物質の有害性がきちんと調べられないまま使われている実態を何とかしようとして欧州連合（EU）で二〇〇七年に導入されたのが「REACH」という制度で、「化学物質の登録、評価、認可および制限」の英語の頭文字をつなげたものだ。

この制度の下では、新規か既存のものかを問わず年間の製造輸入量が一トンを超えている化学物質を対象に、業者に有害性の評価と報告を義務付ける。政府がそのデータを基に安全と評価すれば、販売が認可される。有害性が高いと判断された場合には、用途が制限されたり、場合によっては販売が禁止されたりする。

ＲＥＡＣＨの導入によって、化学物質のリスク評価は急速に進んでいる。安全な製品を求めるために、購入の際にリスク情報の開示を求めるユーザーも増えている。日本の化学品業界は、当初、「手続きが煩雑だ」「企業秘密の保持上、問題がある」「非関税障壁だ」などと反対していたのだが、顧客からの情報開示を求める声の強まりには抗しきれず、自主的に同様の情報公開を始めることになった。

◆国際条約による禁止

問題は地球規模なので、対策も国際的な対応が必要だ、との声も高まり、有害化学物質問題に対処するための国際条約も結ばれた。

その一つが、二〇〇一年五月にスウェーデンのストックホルムで行われた会議で採択された「残留性有機汚染物質に関するストックホルム条約」だ。残留性有機汚染物質はＰＯＰｓとも呼ばれ、文字通り環境中で残留しやすい有機汚染物質のことを指す。条約はＤＤＴ、ＢＨＣ、ダイオキシン、ＰＣＢなど十二種類の物質を対象に、批准した国が、その製造や使用、輸出入を制限し、廃絶を目指すことを規定している。

ＰＯＰｓ条約の採択に先だって一九九八年には「国際貿易の対象となる特定の有害な化学物質及び駆除剤についての事前のかつ情報に基づく同意の手続に関するロッテルダム条約」という長い名前の条約も採択されている。これは、先進国では使えなくなった有害な化学物質やそれを含む製品が規制の緩やかな発展途上国に運ばれ、そこで環境汚染を招くという「公害輸出」を防ぐことを目的としている。自国で使用禁止あるいは厳しく規制された化学物質を輸出する場合には相手国にその情報を提供し、事前の同意を得ることや、輸出が認められた製品にはそれが分かるような表示をすることなどを義務づけている。

◆有害な遺産

水俣病の原因となったメチル水銀がそうであったように、有害な化学物質を妊娠中のお母さんが摂取すると、お腹の中にいる胎児にまで悪影響が出ることが心配されている。母親の母乳の中に、比較的高濃度のダイオキシンが含まれていて、授乳を通じて乳児に悪影響を及ぼすことなどへの懸念もある。胎児や乳幼児は体重が小さい上、細胞分裂が盛んな時期であるために化学物質の影響を受けやすい。

妊娠中の実験動物に化学物質を投与する動物実験では、生まれた子供の行動や発達、ホルモンの働きなどにさまざまな影響が出ることが確認されている。つい最近、国立環境研究所のグループは、日常的に使われているピレスロイドという農薬の一種を妊娠中のマウスに投与すると、微量でも生まれた子供の行動などに異常が出ることを突き止めた。

「有害な遺産（Toxic Legacy）」とも呼ばれる化学物質汚染は地球規模で広がっている。次世代の人々に深刻な化学物質汚染を引き渡すことがないように、有害物質の使用量と排出量を今からでも可能な限り小さくする努力が何より大切だ。

コラム8 POPsに関するストックホルム条約

国際協力によって有害なＰＯＰｓの使用削減を進めることを目指す「ストックホルム条約」は二〇〇四年五月に発効、日本も批准している。グラスホッパー現象によって有害物質が国境を越えて移動し、極域の生物などから高濃度で検出されたことなどが制定の背景になった。当初の規制対象物質は十二種類だったが、有機臭素化合物など九物質を追加の規制対象にすることも検討されている。

有害化学物質に関する条約として、鉛やポリ塩化ビフェニール（ＰＣＢ）などの有害物質を含む廃棄物の国境を越える移動を禁止する「バーゼル条約」もある。

第9章　環境負債を減らすには

これまでいかに地球の環境破壊が深刻であるかを述べ、ひたすら化石燃料や天然資源の大量消費、大量廃棄を続けながら経済成長を遂げてきた今の若者たちの親の世代が、いかに大きなツケを次世代に回そうとしているのかを見てきた。至る所で進む環境破壊の現状はこれまで述べてきたようにとても楽観できるものではない。どうやら、今の大人たちは、子供や孫に合わせる顔がない、ということになりそうだ。

確かにそれはそうなのだが、大人たちだって進行する地球環境の破壊を目の前にして手をこまねいて何もしてこなかった訳ではない。一九八〇年代の半ば以降、今日までの四半世紀、地球環境を守るためのさまざまな努力が積み重ねられてきたことも忘れてはいけない。各章の中で適宜紹介してきたように、国際協力で環境保全を進めようとさまざまな国際条約や協定が結ばれた。その中には京都議定書や生物多様性条約の下の**名古屋議定書**など日本の都市の名を冠したものもある。**モントリオール議定書**の五回にわたる改正によって、フロン類の生産と消費がほとんど廃絶されたことは、遅きに失したとはいえ、非常に大きな成果である。

ワシントン条約での国際取引の禁止によって、日本を含めた多くの国で深刻だった象牙の密輸はかなり減少し、一部の国ではアフリカゾウは数を増やしつつある。アフリカの小国ルワンダでは、悲惨な内戦の中にあっても絶滅の恐れが極めて高いマウンテンゴリラが保護された。個体数は依然として少ないものの数の減少傾向には歯止めがかかり、今では多くの観光客がゴリラ目当てにやってくる。日本でも一度はその空から姿を消してしまったコウノトリやトキの復活を目指す長年の努力が実って、海外から再導入された個体を利用したとはいえ、再び、二種類の美しい鳥が日本の空を羽ばたく姿を目にすることができるようになった。一度は絶滅したと考えられていた鳥島のアホウドリも、研究者の努力の結果、絶滅の危機から逃れつつあるところまで数が増えた。

便利だと思って大量に使った化学物質が、後になって次の世代にまで悪影響を及ぼすことが分かった、という事態を防ごうと**REACH**や**PRTR**などの新しい政策が取り入れられたことは既に紹介した。

誤った投資による失敗例は非常に多く、環境負債は増える一方なのだが、これらの努力がなかったら、負債の額はもっと大きく、既に地球は破産していたかもしれない。

この章では、今の深刻化する地球規模での環境破壊を前にして、その対策として提案されたさまざまな政策や手法を紹介する。積み重なった負債を、それに多くの責任を持つ人たちが生きている間に少しでも減らそうとして始めた重要な手段であるからだ。

楽観的になることはできないが、悲観的になって努力をやめてしまうことはもっと恐ろしい。その気になればまだ、環境を保全しながら、豊かで意味のある暮らしをしてゆくことはできるだろうし、そのための手段も技術も今の人類は持ちあわせているのだ。

*　*　*

◆再生可能なエネルギー

地球温暖化は、現在の人類が直面する最も困難な環境問題だといわれる。一部にしつこい懐疑論は残るものの、大気中に増え続ける二酸化炭素などの温室効果ガスによって地球の気候にさまざまな影響が出始めたこと、今の傾向が続けばそれはさらに大きくなるであろうという点で、世界の科学者のコンセンサスが出来上がっている。温暖化対策として最も重要なことは、温室効果ガスの排出量を減らすことだ。条約交渉などでの専門的な用語ではこれは「**緩和**」と呼ばれる。

重要な手段は、徹底的な省エネを進める一方で、化石エネルギーの使用量を減らして、太陽光や風力発電など再生可能エネルギーを増やすことだ。そのために有効な政策が「**再生可**

中国・寧夏回族自治区に設置された太陽光発電のパネル＝2011年9月（共同通信）

能エネルギーの固定価格買い取り制度」という仕組みだ。まだ他の発電方式に比べて価格が高い太陽光発電などの普及を進めるため、電力会社に、再生可能エネルギーで作った電気のすべてを、長期間にわたって発電者に有利な価格で買い取ることを義務付ける制度である。これにかかった費用は、電気料金として使用者に転嫁されるので、結果的に消費者が広く普及のためのコストを負担することになる。再生可能エネルギー発電の事業者にしてみれば、一定の期間、収入が保証されるので、安心して投資ができるということになる。

一九八〇年代以降、欧州の多くの国で導入され効果は実証済みだ。デンマークやドイツはこの結果、既に電力量の二〇%近くを再生可能エネルギーでカバーするまでになっている。日本では、電力会社などの抵抗で導入が遅れたのだが、二〇一一年に、当時の菅直人首相が「買い取り制度の法案が通るまでは辞めない」と頑張ったこともあって導入が決まった。

日本の再生可能エネルギーは海外に比べて後れが目立つのだが、欧州はもちろん、米国でも中国でも再生可能エネルギーの導入は急激に進んでいる。二〇一一年の一年間に世界中で建設された風力発電所の発電容量は、大型原発四十基分にもなる。太陽光発電も、各国で導入が進んでいるために価格が下がり、今後、爆発的に普及すると期待されている。

二酸化炭素の排出量を減らす「低炭素化」は発電だけでなく、製造業やオフィス、家庭などでも必要になる。**省エネ**、つまりエネルギー利用効率を一層アップすることが重要だ。再生可能エネルギーの導入によって発電の時に出る炭素の量を半分に減らし、省エネによって電気の使用量を半分にできれば、発生する炭素の量を四分の一にできるということになる。

◆炭素に値段を

ここで重要な政策は「**炭素税**」と「**キャップ・アンド・トレード**」と言われる**排出量取引**

制度だ。炭素税は、石炭や石油、天然ガスなどの化石燃料の使用時に出る二酸化炭素の量に応じて、一定の税率の課税をする制度だ。これが省エネを促し、炭素の排出量が少ない再生可能エネルギーの競争力を高めることにつながる。

キャップ・アンド・トレードは、温室効果ガスの大口排出企業などに排出量の上限「キャップ」を課すところから始まる。排出削減に熱心で、定められたキャップを越えて削減した企業は、削減が進んでいない企業に超過達成した分を「排出枠」として売る、つまりトレードすることができるという制度である。これも企業が排出削減に取り組む動機づけになり、省エネを加速し、効率的な削減を進める効果があるとされる。京都議定書が発効したのを受け、欧州連合（EU）諸国が加盟国全体でこの制度を導入し、目標達成に効果を発揮している。日本では企業の反対で、国レベルの制度は見送られたが、東京都が国に先駆けてこの制度を導入し、温室効果ガスの削減と省エネの推進に効果を上げている。両者とも、結果的に「炭素に価格をつける制度だ」と言われることもある。

企業の活動や旅行の時に、自動車や飛行機を利用することで出る二酸化炭素をその場で削減することが難しいのならば、その分を減らせるだけのお金を支払って、別の人に、別の場所で植林などをしてもらい、実質的に削減をしたことにする。最近ではこんな仕組みも増えてきた。「**カーボンオフセット**」と呼ばれる制度で、旅行の際に出る排出分のオフセット（相殺）を利用者に勧める航空会社や、コンサートなどのイベントを、オフセットを利用して「二酸化炭素フリー」にしようとの試みも目立ち始めた。その仲立ちをする企業なども出現している。

◆途上国での取り組み支援

排出量取引に似た制度として近年注目を集めている制度に、「**クリーン開発メカニズム（CDM）**」や「**途上国での森林減少と森林劣化による排出の削減（REDD）**」などがある。

CDMは、省エネが進んで削減の費用が高い先進国の企業などが、削減費用が安い発展途上国での排出削減事業に出資し、削減分を自分も削減したとみなすことができる制度で、京都議定書の中に盛り込まれている。低コストの削減と途上国の「クリーンな開発」の実現とを同時に達成できる、一石二鳥の仕組みだ。

REDDは、山火事や焼き畑など森林破壊が原因で排出される二酸化炭素の削減を目指す制度で、植林によって増やした二酸化炭素の吸収量や、森林破壊を防いで「排出せずに済んだ量」などを計算し、これを国際的な排出量取引市場で、先進国に「排出枠」として売ることができるようにしようという制度だ。こちらはまだ本格的に始まってはいないのだが、効率的な温室効果ガスの排出削減とともに、破壊が深刻な途上国の森林を守る動機づけともなるので、生物多様性の保全にも、途上国の人々の貧困解消にも貢献することが期待されている。国連を中心に国際的な制度づくりの議論と試行が進んでいる。

といっても第3章で紹介したように、次世代に残される環境負債のせいで、今後、数十年にわたって一定の気温上昇があることは既に避けられそうにない状況だ。そこで重要になるのが、既に避けられなくなった温暖化の被害を少しでも小さくする「**適応**」と呼ばれる対策だ。気温が高くても、水が少なくても育つ新品種の開発から、高潮や暴風雨に備えた防災対策、真夏の熱中症の予防対策など考えられる適応策は多い。重要なことは、将来の世代に過大な適応のコストを背負わせないで済むように、今から準備と対策を進めること、自然の力を利用するなど低コストで持続的な適応策を進めることだ。

◆公園や保護区の拡大を

温暖化と並んで、地球規模で深刻化しつつある生物多様性の消失。これにもさまざまな対策が提案されている。重要なのは、生物多様性が豊かな場所で、人間の活動を規制する**自然**

岩手県一関市のお寺、知勝院では墓石の代わりに在来種の樹木を植える樹木葬を進め、里山の自然の再生に取り組んでいる

保護区を設定することで、人間の生活を支えてくれる自然のための場所をキープしておこうというものだ。国立公園や禁漁区、禁猟区などがこれに当たる。今、重要とされているのは海域全体の一%足らずしかない**海洋保護区**の面積を広げることだ。

生物の生息地の保護では、開発行為によって湿地や森林を破壊した企業などに、壊した分と同じだけの湿地や森林などの保護や自然再生を義務付ける「**生物多様性オフセット**（相殺）」という制度を導入する政府も増えている。

破壊してしまった自然でも、まだ、人間が少し手を貸せば再生させることもできる。植林や河川や湖沼など水辺の復元、場合に

ロンドン湿地センターの湿地。少し前まではコンクリート張りの水道施設だった（共同通信）

よってはダムの撤去などによる「**自然再生**」も生態系と生物多様性の保全に大きく貢献する。岩手県のあるお寺には、墓石を建てる代わりに在来の木々を植える「樹木葬」によって昔そこにあった里山の自然を復元しようとの試みを進めているお坊さんがいる。イギリスのロンドン郊外には、古くなった水道施設のコンクリート製の貯水池を壊して、自然の湿地を再生した「ロンドン湿地センター」という場所がある。多くの水鳥がやってきて、市民の憩いの場所となり、周辺の不動産の価格も上がるという効果もあった。

庭先や公園、企業の工場の中などに、池や小川、周囲の草地など、生物が暮らしや

工場の中に野鳥や昆虫が暮らすスペースを再生したビオトープ

すい空間を作ることも生物多様性の保護にとって重要だ。これは「**ビオトープ**」と呼ばれる。もともとはドイツ語で「生物の群集が生息する空間」という意味だ。転じて、人工的に整備された生物の生息地を意味するものとなり、日本各地で自然再生の手段の一つとしてのビオトープづくりが進んでいる。

生物多様性が失われるのは、生息地の破壊のほか、過剰な捕獲や生息地以外から持ち込まれる外来種の影響が大きな原因だとされている。ブラックバスやブルーギル、アライグマなど生態系に悪影響を与える**外来種の持ち込みや放流の禁止**、過剰な捕獲の禁止を法律で定めることも重要な政策だ。

◆エコラベル

魚類の乱獲を防ぎ、違法や過剰な伐採から森林資源を守る手段として注目が集まっているものに「**エコラベル**」制度がある。

これは資源管理に配慮して乱獲をなくし、環境保全にも配慮して漁獲された水産物であることや、乱伐や違法伐採を行わずに持続的な管理がされている森林から切り出された林産品であることを、専門家が審査し、一定の基準を満たしていると判断した場合には「お墨付き」を与える制度だ。認証を受けた漁業者や林業者は、自分の製品に決められた「エコラベル」を貼って売ることが認められる。消費者がエコラベルがついている商品を選んで買えば、結果的に持続可能な水産業や林業の普及に貢献できる、という仕組みである。

各国にいろいろな制度があるが、水産物については英国に本部がある独立の国際機関「**海洋管理協議会**（**ＭＳＣ**）」のエコラベルが、森林産品についてはドイツに本部がある機関「**森林管理協議会**（**ＦＳＣ**）」のラベルが最も普及している。

二〇一一年一月六日現在、世界で百三十三の漁業がＭＳＣの認証を取得し、百四十一件が近く取得の見通し。両者を合わせた漁獲量は年間九百万トンと、全漁獲量の一〇％を超える。ＭＳＣ製品を加工、販売するための認証を取得する業者も増え、青い魚をデザインしたＭＳ

エコラベルがついたマクドナルドの箱。同社は2011年秋から欧州で販売するすべてのフィレオフィッシュをMSC認証製品にしている

Cのエコラベルがついた商品は一万三千種以上にもなる。消費者の環境意識が高い欧州を中心に広がり、英国ではMSC認証のペットフードも誕生した。

ファストフード最大手のマクドナルドは二〇一一年十月から、欧州三十九か国、約七千の店舗でMSC製品販売のための認証を取得し、認証漁業からの白身魚を利用したフィレオフィッシュを販売するようになった。

MSCの認証が環境保全にどんな影響を与えたかを調べた研究では、南アフリカの漁業では鳥の混獲の減少、ベーリング海やアリューシャン列島でのスケトウダラでは過剰な漁獲量の減少といった効果がみられたことが報告された。

◆日本のスーパーでも

日本でもＭＳＣ製品は徐々に増えている。大手スーパーのイオンはＭＳＣ製品の取り扱いに熱心で、二〇〇六年から販売を開始。今では全国の千二百を超える店舗でカツオのたたきやサケ、イクラ、タラコなどのＭＳＣ製品を販売、商品数は三百を超える。漁業では〇八年、京都府舞鶴市の京都府機船底曳網漁業連合会がズワイガニとアカガレイ漁でＭＳＣ認証を取得したのが最初。翌年、土佐鰹《かつお》水産グループ（高知県）がカツオの一本釣りで認証を取得した。まだこの三件だけで、欧米に比べて非常に少ないが、北海道のホタテ漁とシロザケ漁がＭＳＣの取得に向けた審査に入っており、近く取得の見込みで、取得できればＭＳＣの普及に弾みがつくと期待されている。

ＭＳＣの漁業認証を取得しているのは欧州諸国のほか、米アラスカ州のサケ漁、オーストラリアのロブスター漁など先進国が中心だったのだが、環境問題に対する意識の向上や、欧米への輸出を目指す漁業者が増えてきたことを背景に、最近では発展途上国でも関心が高まっている。一一年十月には、中国の大連市に本拠を置く水産会社が黄海で行っているエゾホタテガイの漁業で中国初のＭＳＣ認証の取得に向けた審査に入った。一二年一月には、キリバス、ナウル、パラオなど南太平洋の八つの小さな島国で組織する連合体が、中西部太平洋で行うカツオ漁でＭＳＣの認証を取得した。

森林産品に関するＦＳＣも同様に、世界各国に広がっている。欧州では、家具や木材だけでなく、オフィスの紙、本や雑誌、さらにはポケットティシューなどまでにもＦＳＣ製品が広がっている。日本でも認証を取得する森が徐々に増え、ラベルがついた製品も少しずつ普及するようになってきた。

欧州で売られているポケットティシューにも森林管理協議会（FSC）のエコラベルがついている

◆「量から質」の資源管理

ＭＳＣのようなエコラベルが消費者や漁業者の行動を変え、漁業資源の保護に貢献すると期待されているが、魚の捕り方自体を変えることも重要な政策だ。近年、多くの国で導入され、効果を上げている仕組みに「ＩＴＱ」という制度がある。日本語では「譲渡可能個別割り当て」制度と言う。

今日の漁業資源の減少を招いた最大の原因は乱獲にある。では、なぜ乱獲が進むのだろうか。多くの人が自由に参入し、可能な限り自分の取り分を多くしようとすると、あっという間に資源が減少してしまう、ということが背景にあると、第6章で紹介した。このような状況を何とかしようとして、科学的にここまでなら捕っても大丈夫という漁獲枠を設定する規制が導入されるようになってきた。

ＩＴＱはここからさらに一歩進んで、個別の漁船ごとにその船が捕っていいという枠を設定し、しかも、その漁獲枠を売買することを認めるという制度だ。温室効果ガスの「キャップ・アンド・トレード」方式にそっくりの手法だ。この制度を導入すると、多少安くても品質が悪くてもいいから、他人に先駆けて可能な限りの魚を捕り、市場で売ってしまおう、という「量」優先の漁業から、自分が与えられた枠の中で、可能な限り収入を増やそうと漁業者が努力する「質」優先の漁業に転換させてゆくことができる。キャップ・アンド・トレード制度によって、最もコストが小さい場所での排出削減が進むのと同じように、漁獲枠の売買によって漁業の効率化が進むことになる。魚を捕る量が減っても質が向上して、価格が上がれば結果的に収入は増え、漁業資源の保護にもつながるということになる。

似たような制度に「**キャッチシェア制度**」というものがある。漁に出られる時期や捕れる魚の量を政府が決める、という管理の方法を取ると、漁師はその期間中に可能な限り多くの漁をしようとして、乱獲や魚の価格の暴落を招いたり、品質の悪い魚が捕られて捨てられたり、という結果を招く。キャッチシェアは、科学的に持続可能な水準の漁獲量を設定しつつ、これを地域の漁業者団体や組合に配分し、後は彼らにその枠の使い方を任せる、という仕組みだ。漁師はいつ漁をするか自由に決められるようになり、やはり「量から質への転換」が進むということになる。米国で魚の資源管理を担当する海洋大気局（NOAA）は二〇一〇年の十一月、米国での漁業資源管理に「キャッチシェア」を積極的に導入することを目指すとの方針を発表している。

◆エコツーリズム

残された貴重な森を守り、絶滅の恐れがある生物や貴重な生態系や自然を守る手段として重要性を増しつつあるのが、環境保全に配慮した観光業「**エコツーリズム**」だ。宿泊施設も

タンザニア・マハレ地区でのエコツーリズム参加者。人間が野生のチンパンジーに病気をうつさないように、マスクの着用が義務付けられている

排水などが環境に悪影響を与えないように配慮をし、自然観察を楽しむ観光客の行動も環境保全への配慮を徹底する。

国連食糧農業機関（FAO）によると、環境意識の高まりや途上国での取り組みの進展などを背景に、エコツーリズム産業は年間二〇%という驚異的なペースで拡大しており、このペースは観光業全体の二～三倍に当たる。

中米コスタリカの国内各地の国立公園にいる「幻の鳥」と言われる美しい鳥「ケツァール」を見に来たり、アフリカのルワンダにいる、絶滅が心配されるマウンテンゴリラを見たりするために毎年、大量の観光客が高いお金を払ってやってくる。ルワンダでは一日に森に入れる観光客は七十人以下に限られ「ゴリラのストレスにならないようにそばにいる時間は一時間に限る」「ゴリラからは常に七メートルは離れるようにする」といった厳しいルールが定められている。観光客が払う高額の参加費は、ガイドやレンジャーなどのスタッフの給与、ゴリラ保護活動のための費用などに使われ、一部はゴリラが住む国立公園の周囲に暮らす農民たちの生活レベルの向上のために使われる。地元ではゴリラは貴重な収入源として手厚く保護されており、住民は「だれもゴリラを傷つけたりしようとは思わない」と話す。今では、ゴリラのエコツーリズムは、この国にとっての最大の外貨収入源になっている。

◆森の中のコーヒー

アブラヤシの単一栽培などが熱帯林破壊の大きな原因になっていることへの反省から、森林を守りつつ、そこからの収入を上げるものとして注目されるものに「**アグロフォレストリー**」と呼ばれる森林経営の手法がある。森林の中で、ナッツやカカオ、コーヒーやフルーツなどさまざまな種類の商品作物を育てる手法で、日本語では農林複合経営と呼ばれる。木材を伐採して売ることはあっても森林を大規模に伐採せずに、持続的に収入を上げ、結果的に

コショウや熱帯果実アサイー、カカオなどが混植されたブラジル北部トメアスのアグロフォレストリーの農地＝2008 年（共同通信）

森林を守ることにつながる。

ブラジルのアマゾン地帯では、コショウの単一栽培で病害が広がる中、荒廃した土地で日系の移民が確立したアグロフォレストリーの手法が、森林再生にも貢献したとして、ブラジル中の注目を集めている。場所によっては森の中で豚を育てたり、熱帯魚を養殖したりすることもある。

森林を大規模に伐採して単一栽培でコーヒーや茶を育てることが天然の森林破壊の原因となってきたことへの反省から、アグロフォレストリーの手法でコーヒーや茶を栽培することも盛んになってきた。森の中の木陰で栽培したコーヒーを「シェイドグロウンコーヒー」と呼ぶこともある。シェイドグロウンやアグロフォレストリーを売り物にしたコーヒーや紅茶、チョコレートなどが日本の市場にも徐々に出回るようになってきた。ブラジル・アマゾンで日系農家がアグロフォレストリーの手法で栽培した「アサイー」というヤシの一種のジュースも人気になっている。

◆地域の力で守る森

森の周囲に暮らし、長い間、森の資源を利用しながら生きてきた先住民や地域の人々の経験や意見を森林の管理に反映させることも、森林の保全にとって重要だ。地域住民の声がきちんと反映されるような仕組みができれば、大企業が森林伐採の権利を獲得し、そこに暮らす人々を追い出して、木材を切り出したり、農地に変えてしまったり、ということは少なくなる。東南アジアの国々では、一定の区画の森林の管理権を先住民や地域住民に委ねる「**コミュニティ林業**」という制度が広がり、日本でも同様の制度を導入しようとの動きもある。

森林を伐採して木材を売れば、短期間に多くの収入が得られるが、伐採後も森林を育て、再生させることは難しい。結果的に農地に転用されたり、荒れ地になったりして森林はどんどん減っていくことになる。エコツーリズムもアグロフォレストリーも、大規模に木を切って森をだめにすることなく、森やそこに暮らす生物を「持続的に利用」しようという試みだ。森が人間にもたらすさまざまな恵みの大きさを考えれば、この方が結果的に大きな収入が得られるということになる。

◆ノー・データ、ノー・マーケット

化学物質については、REACHやPRTRといった手法を紹介した。これらの中で重要なのは化学物質を生産したり、使用したりする企業の取り組みである。毎日のように新たに開発される化学物質のリスクを国だけが調べているのでは、とても間に合わない。

自社の製品について最も多くの情報を持っている企業の努力を促すこのような制度の導入によって、情報公開を進める中で、社会全体で有害な化学物質の使用量を減らし、可能な限りリスクの低い物質に切り替えて行く努力を進めることが大切だ。

「危険性が明らかになるまでは使っていい」という政策から、被害を未然に防ぐ「**予防原則**」の考えに基づいて「安全性が確認されていないものは市場に出さない」という政策に転換する必要がある。REACHによって化学物質のリスクの評価を進める欧州では「**ノー・データ、ノー・マーケット**」、つまり「リスクのデータがない化学物質は、商品化しない」

という考えが一般的になっている。

*　　　*　　　*

これらの手法の多くに共通するのは、政府による規制とともに、ビジネスの力、市場のメカニズムを利用して、環境への影響を小さくしようという発想だ。地球規模の環境問題の影響は巨大化し、相互に関連し合って複雑化している。到底、政府の規制や資金だけでは対策は追いつかない。企業の取り組みも重要になるし、最終的には企業から物を買う消費者の意識の向上と行動の変化が何よりも大切だということになる。

◆ 次世代への投資を

　重要なのは、お金の流れを変え、経済の姿を変えることだ。二十世紀の経済活動によって重大な環境破壊が引き起こされたのは、自然を傷つけ、切り売りすることで、短期的な利益を得ることを多くの人が目指したからだ。資源にも地球の許容力にも限界があるので、いつまでもこんなことが続かないことは明白だ。環境問題の専門家は、二十世紀型の古い経済を「ブラウン経済」と呼び、これからは、自然資産を守り育てることで、長期的に長続きする「グリーン経済」に変えて行くことが大切だと指摘している。

当面、それに必要な資金は、世界のＧＤＰの二％に当たる年間約一・三兆ドルであることを紹介した。これは政府の資金だけでは不十分なので、民間企業の資金が必要になる。この章で紹介した新たな試みの多くは、そのために新たな資金の流れを作り出すことを目指す制度である。

確かに、環境問題の解決、つまり、環境負債の返済にはお金がかかる。現在の厳しい経済情勢では、企業が投資に二の足を踏むのも理解できる。

だが、放っておいたら負債はどんどん積み重なって、将来もっと大変なことになる。

世界銀行のチーフエコノミストを務めた英国のニコラス・スターン博士らが中心になってまとめた、地球温暖化の経済学に関する報告書「**スターンレポート**」は、温暖化対策を取らなかった場合に発生する被害の金額は、その被害を防ぐために今必要な金額よりもはるかに大きいことを示した。今必要な資金は、「**行動しなかった時のコスト**」との比較で考えなければならない。

再生可能エネルギーの開発や省資源、省エネ、厳しい漁業管理や海洋保護区づくりのために投じる資金は、将来の世代に豊かな自然資本を残し、将来的に大きな利子を生み出すという点で大きな意味を持つ「次世代への投資」だということを忘れてはならない。

あとがき

　環境問題やエネルギー問題を考えるにあたって、二〇一二年という年は大きな区切りの年である。冒頭でも述べたように、地球環境が悪化する兆しを見せ始める中、国連が組織したブルントラント委員会が、持続可能な開発の概念を打ち出してから四半世紀、二十五年目に当たる。世界の首脳の多くが一堂に会し、多くの市民や環境保護団体が見守る中、地球温暖化対策や生物多様性保全、森林保全や海の環境保全に向けた取り組みの強化を誓ったリオデジャネイロの「国連環境開発会議（地球サミット）」の開催、気候変動枠組み条約と生物多様性条約という二つの条約の採択からはちょうど二十年を迎える。

　当時の日本の宮沢喜一首相は、国会審議を理由にサミットに出席せず、当初予定していたビデオでの演説が認められないという失態を演じたのだが、二十年前、次々と壇上に上り、地球環境問題に真剣に取り組む姿勢を表明する各国の首脳の姿を目にして、きっと今の経済の姿が大きく変革され、地球環境の保全が進むであろうと感じたものだった。

　だが、あれから二十年、今われわれの足元にある地球の環境に目立った改善は見られない。

それどころか、温暖化も生物種の絶滅も状況は悪化の一途をたどっている。短期的な利益にのみ着目した経済成長の姿もまったく変わらず、「環境負債」は積み重なる一方だ。

「現在の世界の開発は持続可能なものではない。われわれの行動によって、生態系と人類の共同体の双方に取り返しのつかないダメージを与えるような環境の臨界点を越える変化が引き起こされることがないなどと、もはや信じることはできなくなった」——地球サミットから二十年になるのを記念する「国連持続可能な開発世界会議（リオ＋20）」を前にした二〇一二年一月、潘基文《パンギムン》国連事務総長の呼び掛けで設けられ、日本の鳩山由紀夫元首相も参加する「地球の持続可能性に関するハイレベル・パネル」は一年半の議論をまとめた報告書の中でこう指摘し、地球環境の悪化が、一定の臨界点を越えてしまい、取り返しがつかない事態を招くことへの危機感を表明した。

ジェイコブ・ズマ・南アフリカ大統領とタルヤ・ハローネン・フィンランド大統領が共同議長を務めるパネルには、二十五年前に国連委員会の委員長を務めたブルントラント元ノルウェー首相も参加している。報告書は「ブルントラント報告書から二十五年経った今も、持続可能な開発は地に足がついた現実のものとはなっていない」と指摘。その理由として、持続可能な開発を目指す政治的意思がなかったことと、持続可能な開発の問題が、各国の、あるいは国際的な経済の議論の中に主流として位置付けられていないことの二つを挙げた。

二〇一一年三月十一日に発生した大地震、大津波とそれに続く原発の大事故は、日本人に、短期的な利益にばかり目を奪われて「長期的な持続可能性」への配慮を忘れることの恐ろしさを教えてくれたはずだ。あれから一年、日本はどれだけ変わっただろうか。

日本で「地球温暖化の原因となる二酸化炭素を出さないクリーンなエネルギーだ」と宣伝された原子力だが、実はクリーンにはほど遠い。原発の燃料となるウランを採掘する鉱山での環境破壊は深刻だし、発電の際に、何万年にもわたって放射能を出し続け処分方法すら決まっていない大量の放射性廃棄物が出るし、寿命を終えた原発の解体時も、大量の放射性廃棄物が出る。都会の消費地からはるか離れた場所に建設される原発は、発電の際に出る熱の利用が難しく、送電時のロスも大きいので、発電をした時に出る熱を給湯や冷暖房に利用するコージェネレーション（熱電併給）などに比べてエネルギーの利用効率は非常に悪い。

五十四基もの原発を建設しながら、日本の二酸化炭素排出量は増加傾向にあったのだが、デンマークやスウェーデン、ドイツなどはコージェネレーションのようなエネルギー効率の高い機器の普及や再生可能エネルギーの拡大などにより、原発に頼ることなく温室効果ガスの排出を日本よりもはるかに大幅に減らしてきた。しかも、この二十年ほどの経済成長率は日本よりも高い。日本人は、原子力のリスクに目を向けることを忘れ、原子力以外のエネルギー源や省エネが持つ利点から目をそらし続けてきたのである。

福島第一原発は相変わらず不安定な状態が続き、周囲にまき散らされた大量の放射性物質の除染や処分も進まず、責任企業である東京電力による多大な損害賠償もほとんど進んでいない。原子力と石炭火力発電に大きく依存し、再生可能エネルギー開発を軽視するという長年の偏ったエネルギー政策の結果、事故で失われた電力を日本は火力発電でカバーしなければならなくなった。その結果、海外からの化石燃料購入費用は膨れ上がり、二酸化炭素の排出量も急増した。二〇〇九年、国連総会で当時の鳩山由紀夫首相が打ち出し、「野心的」と讃えられた「二〇二〇年までに一九九〇年比で二五％温室効果ガスの排出を削減する」との目標達成は「原発がなければ不可能だ」との声が高まる中、政府によって見直しの作業が始まった。そんな状況の中で、われわれは二〇一二年という年を迎えた。残念ながら、今の日本の政治や経済に関する意思決定の主流に、持続可能性という考え方がきちんと位置付けられているとは、どう考えても言い難い。あれほどの事故を経験したのにもかかわらず。

今は既にこの世を去ったある環境問題の研究者に「環境問題を考えることは、自分の子供の寝顔をみるところから始まる」と教えられたことがある。持続可能性を考えることは、次世代の人々、自分たちの子や孫たちの将来を想像するところから始まる。

地球温暖化の問題を取り上げた有名な映画「不都合な真実」の中で注目を浴びたアル・ゴア米元副大統領は「将来世代が、われわれに問い掛ける質問はふたつに一つだ」と言う。彼らがわれわれに「何を考えていたの？　なんで行動しなかったの？」と尋ねるか。それとも「どうして、あれほど多くの人が解決は困難だと言っていたのに、立ち上がり、危機を解決する勇気を持つことができたの？」と尋ねるか。

二十年後、三十年後、われわれに対する彼らの問いはどちらになるだろうか。その時、今の親の世代の人間は、彼らにどんな問いを投げかけられ、それにどう答えるというのだろうか。地球環境にとって重要な節目となるこの年に、環境問題を「世代間の公平」という視点から考えるという本を書いてみようという気になったのは、多くの人とともに、この問いへの答えを探りたいと思ったからである。

本書執筆の機会を与えてくださった筑摩書房の金子千里さんに心から感謝の意を表したい。常日ごろ、筆者の勝手を大目に見てくれる共同通信社の編集委員室と科学部の皆さん、そして家族にも感謝の気持ちでいっぱいである。皆さんの助力と励ましがなければ、この本を書き上げることができなかった。

ちくまプリマー新書178
環境負債《かんきょうふさい》　次世代《じせだい》にこれ以上《いじょう》ツケを回《まわ》さないために

二〇一二年五月十日　初版第一刷発行

著者　井田徹治（いだ・てつじ）

装幀　クラフト・エヴィング商會
発行者　熊沢敏之
発行所　株式会社筑摩書房
東京都台東区蔵前二－五－三　〒一一一－八七五五
振替〇〇一六〇－八－四一二三

印刷・製本　株式会社精興社

ISBN978-4-480-68881-1 C0240　Printed in Japan
©IDA TETSUJI 2012
乱丁・落丁本の場合は、左記宛にご送付下さい。
送料小社負担でお取り替えいたします。
ご注文・お問い合わせも左記へお願いします。
筑摩書房サービスセンター　電話〇四八－六五一－〇〇五三
〒三三一－八五〇七　さいたま市北区櫛引町二－六〇四
本書をコピー、スキャニング等の方法により無許諾で複製することは、法令に規定された場合を除いて禁止されています。請負業者等の第三者によるデジタル化は一切認められていませんので、ご注意ください。